Cocos2d 跨平台游戏开发指南（第2版）

［印度］Siddharth Shekar 著
武传海 译

人民邮电出版社
北京

图书在版编目（CIP）数据

Cocos2d跨平台游戏开发指南：第2版 /（印）谢卡
(Siddharth Shekar) 著；武传海译. -- 北京：人民邮
电出版社，2016.11
　ISBN 978-7-115-43713-6

　Ⅰ．①C… Ⅱ．①谢… ②武… Ⅲ．①移动电话机—游
戏程序—程序设计—指南 Ⅳ．①TN929.53-62
②TP311.5-62

中国版本图书馆CIP数据核字（2016）第243342号

版权声明

Copyright ©2016 Packt Publishing. First published in the English language under the title *Cocos2d Cross-Platform Game Development Cookbook, Second Edition*.

All rights reserved.

本书由英国 Packt 公司授权人民邮电出版社出版。未经出版者书面许可，对本书的任何部分不得以任何方式或任何手段复制和传播。

版权所有，侵权必究。

◆ 著　　　　［印度］Siddharth Shekar
　 译　　　　武传海
　 责任编辑　胡俊英
　 责任印制　焦志炜

◆ 人民邮电出版社出版发行　北京市丰台区成寿寺路 11 号
　 邮编　100164　电子邮件　315@ptpress.com.cn
　 网址　http://www.ptpress.com.cn
　 北京鑫正大印刷有限公司印刷

◆ 开本：800×1000　1/16
　 印张：22.5
　 字数：444 千字　　　　　　2016 年 11 月第 1 版
　 印数：1 – 2 500 册　　　　 2016 年 11 月北京第 1 次印刷

著作权合同登记号　图字：01-2016-2204 号

定价：59.00 元
读者服务热线：(010)81055410　印装质量热线：(010)81055316
反盗版热线：(010)81055315

内容提要

Cocos2d 是一个开源框架，可用于构建游戏和应用程序，它可以让用户在创建自己的多平台游戏时节省很多的时间。

本书介绍了使用 Cocos2d 进行跨平台游戏开发的相关知识。全书内容共分为 11 章，分别介绍了精灵与动画、场景与菜单、各类交互方法、物理引擎、声音、AI 与 A*寻路、数据存储与取回、游戏效果、辅助工具、Swift/SpriteBuilder，同时还介绍了如何将所开发的游戏移植到 Android 平台下。

本书经过了精心编排和设计，包含丰富且实用的开发示例，能够让读者轻松获取知识并掌握开发技巧，非常适合对 Cocos2d 有一些了解的读者阅读，也适合有相关游戏开发经验的人员阅读。

作者简介

Siddharth Shekar 是一位游戏开发者，拥有超过 5 年的游戏行业开发经验。他开发了多款游戏，并把它们发布到 iOS、Android、Amazon、Windows Phone App Stores 中。

在过去的 11 年间，Siddharth 一直从事编程工作，熟悉 C++、C#、Objective-C、Java、JavaScript、LUA、Swift。在使用 Flash 开发网页游戏和手机游戏，以及使用 Cocos2d、Cocos2d-x、Unity 3D、Unreal Engine 开发游戏方面拥有丰富的经验。Siddharth 的工作也涉及一些图形库，例如 DirectX、OpenGL、OpenGL ES。

除了开发游戏之外，他还在较大的工程院校开设游戏开发讲习班，在游戏开发机构担任客座讲师。

Siddharth 也是《Learning Cocos2d-x Game Development》和《Learning iOS 8 Game Development Using Swift》两本书的作者，它们均由 Packt 出版发行。

目前，他在奥克兰、新西兰的 Media Design School 的游戏院系担任讲师，讲授图形编程和 PlayStation 4/PS Vita 本地游戏开发，并指导准毕业生们。

在闲暇时，Siddharth 喜欢尝试使用最新的游戏开发框架和工具。他不仅是个狂热的游戏玩家，还对动画、计算机图形学、音乐感兴趣，也是个纯粹的影迷。

关于 Media Design School 与 Siddharth Shekar 的更多信息，你可以从 www.mediadesignschool.com 了解到。

致谢

首先，我要一如既往地感谢我的母亲（Shanti Shekar）和父亲（R.Shekar），他们总是毫无条件地给予我爱与支持。

其次，我要感谢 Media Design School 的 Fiona Scott-Milligan（首席学术负责人）与 Syed Fawad Mustafa Zaidi（项目协调员），他们不断鼓励我写作本书。还要感谢 Bachelor of Software Engineering Department 的同事们，他们是 Asma、Salwan、Bindu、Imran、Shilpa 和 Michael，在本书的写作过程中，他们一直支持着我。

对 Andreas（CodeAndWeb）和 Tom（71Squared）的感激之情更是溢于言表，感谢他们开发这么棒的工具，让我可以把大量时间与精力放在编写游戏上，而不是开发工具上。

我也要感谢 Packt 出版社，他们最终把书稿整理成书。感谢 Adrian Raposo、Akshay Shetty 和 Samantha Gonsalves，他们帮助并指导我写作本书。感谢技术审稿人提供的技术反馈与修改意见，我真的从中学到了很多新东西。

最后，我还要感谢我的朋友们、粉丝和支持者，他们已成为我生活的一部分，这些年他们一直对我宽容有加，催我不断奋进前行。

审校人简介

Hsiao Wei Chen 使用 Unity、Cocos2d 和本地代码为移动设备开发游戏。她也参加了 Game jams 活动，并尝试在 48～72 小时内开发一款游戏。Hsiao 喜欢写作，她加入了 NaNoWriMo，尝试在一个月内写 50000 字小说。她也是一个博主，经常写辅导教程与书评。

> 我要感谢两个姐妹与父母，他们总是支持我做任何自己想干的事情。

Tim Park 最初学习编程是在 VIC-20 机器上使用 Basic 语言完成，后来他在 Amiga 机器上使用 C 语言编写程序。然后又学习了其他语言与框架，这些积累让他如鱼得水，能够完成自己想做的事情。于是，他开始专门编写会计系统，后来又开发游戏机，目前在 Arctic Empire 从事移动开发和 Web 开发工作。

前言

自从 2007 年创始以来，Apple App Store 一直保持着持续增长的势头，每天平均约有 500 个 App 提交。其中，大约 80%的 App 是游戏。形成这种局面的部分原因是 Apple 构建了一个非常棒的生态系统，免费提供操作系统和 IDE 开发环境，便于普通开发者接触并使用它们。另一部分原因在于 Cocos2d 框架，它是目前应用最广泛的免费 iOS 游戏开发框架之一，借助它，开发者能够更方便地开发游戏和 App 应用。

SpriteBuilder 把 Cocos2d 集成到其中，这让使用 Cocos2d 开发游戏变得更有吸引力。因为现在人们可以使用 SpriteBuilder 更容易地开发简单的游戏原型，而不用编写任何代码。而且，开发者只需付出很小的努力就能让同一款 App 或游戏运行在具有不同分辨率的设备上运行。

此外，我们也可以轻松地把这些游戏移植到 Android 上，而无需重写游戏代码。跨平台 iOS 游戏开发多年来一直是开发者的梦想，如今这一梦想变成了现实。

自从第一台 iOS 设备诞生以来，Cocos2d 就一直存在着，相关社区也非常活跃，各种资源丰富且十分有用。此外，还有许多由第三方开发者开发的各种好用的工具，让 Cocos2d 成为更棒的开发框架。

本书带你学习开发一款游戏所需的各种知识。每个章节都按照逻辑顺序进行组织安排，这样每当你学完一部分内容，就离游戏开发更近了一步。在本书的最后部分，还讲解了如何把开发好的游戏移植到 Android 设备上。

希望不久的将来能在 App Store 中看到自己的游戏大作！

本书涵盖内容

第 1 章 精灵与动画，教你如何在场景中绘制精灵，添加颜色精灵，以及使用 primitives 渲染 2D 形状。本章也将展示如何让精灵动起来，如何移动精灵，以及如何向精灵添加各种动作。另外还要学习如何实现视差效果，让场景更具动感。

第 2 章 场景与菜单，介绍如何在游戏中添加场景（例如 gameplay 场景），讲解如何在场景中创建按钮与标签，以及如何使用各种过渡效果在两个场景之间进行切换。

第 3 章 手势、触屏与加速度传感器，讨论各种用户交互方法，例如单击、按住、轻松等手势，还讲解把加速度传感器输入与手势添加到场景的方法。

第 4 章 物理引擎（Physics），通过示例演示如何把物理引擎添加到场景并使对象对其做出相应反应。本章也会讲解 body 的不同类型、body 属性，添加精灵到 body，向 body 应用作用力与动量，进行碰撞检测，以及通过把物理刚体联合在一起创建对象，例如篮子。

第 5 章 声音，演示如何编辑音轨以创建音乐与音效，添加背景音乐与音效到游戏，向游戏添加暂停与继续按钮，在选项菜单中添加音量滑块，以控制音量大小。

第 6 章 游戏 AI 与 A*寻路，介绍向游戏中的敌人添加人工智能的方法。本章也讲解创建巡逻、追击、射弹敌人的方法。此外，也讲解了 A*寻路方法，使用网格为敌人创建更高级的 AI 逻辑。

第 7 章 数据存储与取回，教你如何使用 NSUserDefault 在设备上保存和加载游戏，并且讲解使用 JSON、Plist、XML 文件为客户存储与取回数据创建与访问文件。

第 8 章 效果，教你添加动态照明到游戏，使用触摸控制管理位置以及光源颜色，向游戏添加光源产生的 2D 投影。在本章中，你也能学到使用 Cocos2d 的 CCEffects 类添加效果到游戏，以及在游戏中添加有趣效果的方法。

第 9 章 游戏开发辅助工具，讲解使用工业级标准工具辅助游戏开发的方法，这些工具包括 TexturePacker、Glyph Designer、PhysicsEditor、Particle Designer、Sprite Illuminator，借助这些工具可以开发出更具视觉吸引力和性能更优的游戏。

第 10 章 Swift/SpriteBuilder 基础，展示如何使用苹果公司发布的编程语言 Swift 来开发游戏。在本章中，我们会看到 Objective-C 与 Swift 语言之间的不同，学习如何把 Objective-C 类导入到 Swift 中以减少代码重复编写。本章也讲解使用 SpriteBuilder 开发更健壮游戏的有关内容。

第 11 章　移植到 Android，本章讲解如何把为 iOS 开发的游戏移植到 Android 设备上。我们将学习如何安装 Android Xcode 插件，为部署准备硬件设备，最后在实际的 Android 设备上运行项目。

阅读本书之前需要准备的内容

在使用 Cocos2d 开发游戏时，所有需要做的是准备好最新版本的 OS X EI Capitan、SpriteBuilder 和 Xcode。所有这些应用程序都可以在苹果 App Store 中看到，并且免费供用户下载使用。本书内容是基于 iPad 的，所以你最好准备一台 iPad 3 供测试代码使用。此外，开发运行在 Android 平台上的应用，需要你有一台 Android 设备，并且最好使用 Galaxy 或 Nexus 系列手机，它们十分可靠且经过严格测试。

目标读者

本书的章节结构经过精心安排与设计，读者可以轻松从书中获取特定部分以及所必需的信息。每个部分的内容都相对独立，并且容易跟学。本书针对中到高级用户，即那些对 Cocos2d 工作原理有基本了解的用户。尽管本书也讲解一些基本概念，但并不做深入讲解，因此阅读本书需要读者有一定的相关经验。

结构安排

在本书中，你将经常看到几个标题，包括"准备工作""操作步骤""工作原理""更多内容"和"另见"。

关于如何把握一节内容，为了给出明确的指示，我们使用如下几个版块组织相关内容。

准备工作

本部分指出学习本节内容需要做的准备，也包含安装一些必需的软件或做一些预先设置的内容。

操作步骤

本部分包含要做的具体步骤。

工作原理

本部分通常讲解与前一部分内容相关的更多细节，并呈现最终运行结果。

更多内容

本部分讲解与前面内容相关的更多知识，通过阅读本部分内容，读者将掌握更多相关知识。

另见

本部分提供了一些有用的页面链接，读者可以从中获取更多与主题相关的有用内容。

本书约定

在本书中，在不同类型的信息之间，读者将看到大量不同文本类型的区分。下面给出了一些类型示例，以及对它们所代表含义的说明。

正文中出现的代码用语、数据表名、文件夹名、文件名、文件扩展名、路径名、虚拟URL、用户输入、推特标签显示如下："然后，我们创建_sprite1 与_sprite2 变量。在spriteWithImageNames 中，我们传入文件名变量，它持有文件名字符串。"

代码块设置如下：

```
#import "CCSprite.h"

@interface ParallaxSprite :CCSprite{
    CGSize _winSize;
```

```
    CGPoint _center;
    CCSprite *_sprite1, *_sprite2;
    float _speed;
}

-(id)initWithFilename:(NSString *)filename Speed:(float)speed;
-(void)update:(CCTime)delta;

@end
```

当我们希望你特别关注代码块的某个部分时,就使用粗体把相关代码行表示出来,如下所示。

```
#import "Hero.h"
#import "ParallaxSprite.h"

@interface MainScene :CCNode{

CGSizewinSize;
    Hero* hero;
ParallaxSprite* pSprite;

}
```

命令行输入或输出写成如下形式:

```
./install.sh -i
```

正文中的新术语与关键词以粗体形式标识出来。你在屏幕上看到的单词,例如在菜单或对话框中,出现在正文中的形式如下:"接下来,我们给它一个类名。在 **Subclass of** 中选择 **CCSprite**,在 **Language** 中选择 **Objective-C**"。

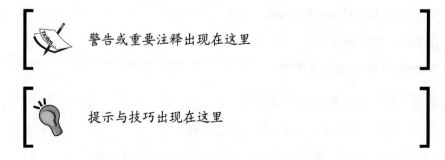

读者反馈

我们总是热切期望各位读者的反馈，让我们知道你对本书的看法，你喜欢哪部分以及不喜欢哪部分。你的反馈对我们至关重要，它能够帮助我们开发出对你真正有用的选题。

要给我们发送反馈意见，你可以发送电子邮件到 feedback@packpub.com，并在信息标题中请注明书名。

如果你对某个主题特别熟悉，并且对写作出书感兴趣，请到 www.packtpub.com/authors 阅读我们的作者投稿指南。

客户支持

如果你有幸拥有了一本 Packt 图书，我们将会做大量工作以帮助你从购买的图书中获得最大的受益。

下载示例代码

访问 http://www.packtpub.com 站点，使用自己的账户登录之后，你就可以下载本书的示例代码。如果你在别处购买了本书，可以访问 http://www.packtpub.com/support 页面，并进行注册，稍后我们会通过电子邮件把示例代码发送给你。

你可以遵循以下步骤下载示例代码。

1. 使用电子邮件地址与密码登录我们的网站，或者注册为新用户。
2. 把鼠标指针置于顶部的 SUPPORT 选项卡之上。
3. 单击 Code Downloads & Errata。
4. 在 Search 框中输入书名。
5. 选择想下载示例代码的图书。
6. 从下拉菜单中选择购买图书的位置。
7. 单击 Code Download，完成示例代码的下载。

示例代码下载完成后，请使用下列软件的最新版本解压缩文件。

- WinRAR/7-Zip（Windows）。
- Zipeg/iZip/UnRarX（Mac）。
- 7-Zip/PeaZip（Linux）。

下载书中用到的彩色图像

我们也以 PDF 文件的形式向你提供书中用到的截屏、图表。这些彩色图像将帮助你更好地理解输出中的变化。你可以从 `https://www.packtpub.com/sites/default/files/downloads/Cocos2dCrossPlatformGameDevelopmentCookbookSecond Edition_ColorImages.pdf` 下载 PDF 文件。

勘误

尽管我们已经做出了最大努力来最大限度地保证本书内容的准确性，但是难免出现疏漏，导致错误偶尔发生。如果你在我们的图书中发现了错误，可能会是文字上的，也可能是代码上的，请把错误提交给我们，对此我们充满感激。如果你这样做，就能帮助其他读者避免这些错误，也能帮助我们在下一版图书中进行改正。如果你发现任何错误，请访问 `http://packtpub.co m/submit-errata`，选择相应图书并单击 Errata Submission Form 链接，并输入错误细节，向我们提交。一旦你发现的错误得到确认，提交将被接受，错误将被上传到我们的网站或者添加到 Errata 版块之下的勘误列表中。

如果你想浏览已经提交到的错误，请转到 `https://www.packtpub.com/books/content/support`，在搜索中输入书名，相关信息将出现在 Errata 版块之下。

打击盗版

在网络上享有版权保护的作品不断遭受盗版行为侵害的事件不断发生，这对所有媒体都是非常严重的问题。我们要尽一切努力严格保护我们作品的版权与许可政策。如果你在网络上发现我们作品的任何形式的非法拷贝，请立刻向提供给我们准确的地址或者域名，我们将尽一切努力补救，并维护自己的合法权利。

请联系我们，并把可疑盗版材料的链接发送到 `copyright@packtpub.com`。

对于读者提供的相关信息，我们深表谢意，感谢读者为保护我们作者的合法权利做出的努力，我们将尽己所能为读者出版更多更有价值的作品。

答疑

对于本书的内容，如果有什么疑问，你可以联系我们，把相关问题发送至 question@packtpub.com，我们将尽最大努力帮你解决。

目录

第 1 章 精灵与动画 ······1
1.1 内容简介 ······1
1.2 下载并安装 Coscos2d ······2
1.2.1 准备工作 ······2
1.2.2 操作步骤 ······5
1.2.3 工作原理 ······7
1.3 2D 坐标系统 ······7
1.4 访问主场景（MainScene） ······8
1.4.1 准备工作 ······8
1.4.2 操作步骤 ······8
1.4.3 工作原理 ······11
1.5 添加精灵到场景 ······11
1.5.1 准备工作 ······11
1.5.2 操作步骤 ······12
1.5.3 工作原理 ······13
1.6 使用 RenderTexture 创建精灵 ······13
1.6.1 准备工作 ······13
1.6.2 操作步骤 ······14
1.6.3 工作原理 ······15
1.6.4 更多内容 ······16
1.7 创建自定义精灵类 ······16
1.7.1 准备工作 ······17
1.7.2 操作步骤 ······18
1.7.3 工作原理 ······19
1.8 让精灵动起来 ······20
1.8.1 准备工作 ······20
1.8.2 操作步骤 ······20
1.8.3 工作原理 ······22
1.9 添加动作到精灵 ······23
1.9.1 准备工作 ······23
1.9.2 操作步骤 ······23
1.9.3 工作原理 ······23
1.9.4 更多内容 ······24
1.10 绘制 glPrimitives ······26
1.10.1 准备工作 ······26
1.10.2 操作步骤 ······26
1.10.3 工作原理 ······27
1.10.4 更多内容 ······27
1.11 添加视差效果 ······31
1.11.1 准备工作 ······31
1.11.2 操作步骤 ······32
1.11.3 工作原理 ······35

第 2 章　场景与菜单 37

2.1　内容简介 37
2.2　添加主菜单（MainMenu）场景 38
　　2.2.1　准备工作 38
　　2.2.2　操作步骤 38
　　2.2.3　工作原理 39
2.3　使用 CCLabel 添加文本 40
　　2.3.1　准备工作 40
　　2.3.2　操作步骤 41
　　2.3.3　工作原理 41
　　2.3.4　更多内容 42
2.4　使用 CCMenu 向场景添加按钮 43
　　2.4.1　准备工作 43
　　2.4.2　操作步骤 44
　　2.4.3　工作原理 46
2.5　添加 Gameplay 场景 46
　　2.5.1　准备工作 46
　　2.5.2　操作步骤 46
　　2.5.3　工作原理 48
2.6　在场景之间进行过渡切换 49
　　2.6.1　准备工作 49
　　2.6.2　操作步骤 49
　　2.6.3　工作原理 49
　　2.6.4　更多内容 50
2.7　添加过渡效果 51
　　2.7.1　准备工作 51
　　2.7.2　操作步骤 51
　　2.7.3　工作原理 51
　　2.7.4　更多内容 52
2.8　添加难度选择场景 53
　　2.8.1　准备工作 53
　　2.8.2　操作步骤 53
　　2.8.3　工作原理 60
2.9　滚动难度级别选择场景 63
　　2.9.1　准备工作 63
　　2.9.2　操作步骤 64
　　2.9.3　工作原理 69

第 3 章　手势、触屏与加速度传感器 72

3.1　内容简介 72
3.2　理解轻扫手势 73
　　3.2.1　准备工作 73
　　3.2.2　操作步骤 74
　　3.2.3　工作原理 75
　　3.2.4　更多内容 76
3.3　实现轻击手势 77
　　3.3.1　准备工作 77
　　3.3.2　操作步骤 77
　　3.3.3　工作原理 78
3.4　添加长按手势 78
　　3.4.1　准备工作 78
　　3.4.2　操作步骤 78
　　3.4.3　工作原理 79
3.5　添加捏合/缩放控制 80
　　3.5.1　准备工作 80
　　3.5.2　操作步骤 80
　　3.5.3　工作原理 81
3.6　添加旋转手势 82
　　3.6.1　准备工作 82
　　3.6.2　操作步骤 82

3.6.3 工作原理 ……83
3.7 添加拖动手势（Pan Gesture）……84
　3.7.1 准备工作 ……84
　3.7.2 操作步骤 ……84
　3.7.3 工作原理 ……85
3.8 添加触屏动作 ……86
　3.8.1 准备工作 ……86
　3.8.2 操作步骤 ……86
　3.8.3 工作原理 ……87
3.9 使用 touchBegan 创建对象 ……88
　3.9.1 准备工作 ……88
　3.9.2 操作步骤 ……88
　3.9.3 工作原理 ……88
　3.9.4 更多内容 ……89
3.10 使用 touchMoved 移动对象 ……91
　3.10.1 准备工作 ……91
　3.10.2 操作步骤 ……91
　3.10.3 工作原理 ……92
3.11 在精灵类中自定义触屏动作 ……92
　3.11.1 准备工作 ……92
　3.11.2 操作步骤 ……92
　3.11.3 工作原理 ……93
3.12 添加加速度传感器 ……95
　3.12.1 准备工作 ……95
　3.12.2 操作步骤 ……95
　3.12.3 工作原理 ……96
3.13 添加方向键面板 ……97
　3.13.1 准备工作 ……97
　3.13.2 操作步骤 ……97
　3.13.3 工作原理 ……101
　3.13.4 更多内容 ……101

第 4 章 物理引擎（Physics）……103
4.1 内容简介 ……103
4.2 添加 physics 到游戏场景 ……104
　4.2.1 准备工作 ……104
　4.2.2 操作步骤 ……104
4.3 添加物理对象 ……106
　4.3.1 准备工作 ……106
　4.3.2 操作步骤 ……106
　4.3.3 工作原理 ……107
4.4 了解不同的 body 类型 ……108
　4.4.1 准备工作 ……108
　4.4.2 操作步骤 ……108
　4.4.3 工作原理 ……110
4.5 向物理对象添加精灵纹理 ……112
　4.5.1 准备工作 ……112
　4.5.2 操作步骤 ……112
　4.5.3 工作原理 ……114
4.6 创建复合体 ……114
　4.6.1 准备工作 ……114
　4.6.2 操作步骤 ……115
　4.6.3 工作原理 ……116
4.7 创建复杂形状 ……117
　4.7.1 准备工作 ……117
　4.7.2 操作步骤 ……119
　4.7.3 工作原理 ……120
4.8 修改 body 属性 ……122
　4.8.1 准备工作 ……122
　4.8.2 操作步骤 ……122
　4.8.3 操作步骤 ……123
　4.8.4 更多内容 ……123

4.9 使用触摸控制施加冲量 ……… 124
    4.9.1 准备工作 ……………………… 124
    4.9.2 操作步骤 ……………………… 124
    4.9.3 工作原理 ……………………… 125
4.10 通过加速度计添加作用力 …… 127
    4.10.1 准备工作 …………………… 127
    4.10.2 操作步骤 …………………… 128
    4.10.3 工作原理 …………………… 129
4.11 碰撞检测 ………………………… 129
    4.11.1 准备工作 …………………… 129
    4.11.2 操作步骤 …………………… 130
    4.11.3 工作原理 …………………… 132
4.12 添加旋转关节 …………………… 134
    4.12.1 准备工作 …………………… 134
    4.12.2 操作步骤 …………………… 134
    4.12.3 工作原理 …………………… 136
4.13 添加马达关节 …………………… 136
    4.13.1 准备工作 …………………… 136
    4.13.2 操作步骤 …………………… 137
    4.13.3 工作原理 …………………… 138
4.14 添加游戏主循环与计分 ……… 138
    4.14.1 准备工作 …………………… 138
    4.14.2 操作步骤 …………………… 139
    4.14.3 工作原理 …………………… 142

第 5 章 声音 ……………………………… 144
5.1 内容简介 ………………………… 144
5.2 添加背景音乐 …………………… 144
    5.2.1 准备工作 ……………………… 145
    5.2.2 操作步骤 ……………………… 149
    5.2.3 工作原理 ……………………… 149

5.3 添加音效 ………………………… 150
    5.3.1 准备工作 ……………………… 150
    5.3.2 操作步骤 ……………………… 150
    5.3.3 工作原理 ……………………… 151
5.4 添加静音按钮 …………………… 151
    5.4.1 准备工作 ……………………… 152
    5.4.2 操作步骤 ……………………… 153
    5.4.3 工作原理 ……………………… 155
5.5 添加音量滑块 …………………… 156
    5.5.1 准备工作 ……………………… 157
    5.5.2 操作步骤 ……………………… 157
    5.5.3 工作原理 ……………………… 159
5.6 添加暂停与继续按钮 …………… 159
    5.6.1 准备工作 ……………………… 160
    5.6.2 操作步骤 ……………………… 160
    5.6.3 工作原理 ……………………… 161

第 6 章 游戏 AI 与 A*寻路 …………… 163
6.1 内容简介 ………………………… 163
6.2 敌人巡逻行为 …………………… 163
    6.2.1 准备工作 ……………………… 164
    6.2.2 操作步骤 ……………………… 164
    6.2.3 工作原理 ……………………… 169
6.3 抛射体射击敌人 ………………… 172
    6.3.1 准备工作 ……………………… 172
    6.3.2 操作步骤 ……………………… 173
    6.3.3 工作原理 ……………………… 179
6.4 敌人追赶行为 …………………… 180
    6.4.1 准备工作 ……………………… 181
    6.4.2 操作步骤 ……………………… 181
    6.4.3 工作原理 ……………………… 184

6.5 A*寻路·········186	8.2 CCEffects·········225
6.5.1 准备工作·········186	8.2.1 准备工作·········226
6.5.2 操作步骤·········186	8.2.2 操作步骤·········226
6.5.3 工作原理·········198	8.2.3 工作原理·········232
第7章 数据存储与取回·········200	8.3 添加玻璃效果·········233
7.1 内容简介·········200	8.3.1 准备工作·········233
7.2 加载 XML 文件数据·········201	8.3.2 操作步骤·········233
7.2.1 准备工作·········201	8.3.3 工作原理·········234
7.2.2 操作步骤·········202	8.4 添加拖尾效果·········235
7.2.3 工作原理·········206	8.4.1 准备工作·········235
7.3 存储数据到 XML 文件·········207	8.4.2 操作步骤·········235
7.3.1 操作步骤·········207	8.4.3 工作原理·········236
7.3.2 工作原理·········209	8.5 添加粒子效果·········237
7.4 从 JSON 文件加载数据·········210	8.5.1 准备工作·········237
7.4.1 准备工作·········210	8.5.2 操作步骤·········237
7.4.2 操作步骤·········212	8.5.3 工作原理·········238
7.4.3 工作原理·········214	8.5.4 更多内容·········239
7.5 从 PLIST 文件加载数据·········214	8.6 添加 2D 照明·········241
7.5.1 准备工作·········215	8.6.1 准备工作·········241
7.5.2 操作步骤·········216	8.6.2 操作步骤·········244
7.5.3 工作原理·········217	8.6.3 工作原理·········245
7.6 存储数据到 PLIST 文件·········218	8.6.4 更多内容·········246
7.6.1 准备工作·········218	**第9章 游戏开发辅助工具**·········252
7.6.2 操作步骤·········218	9.1 内容简介·········252
7.6.3 工作原理·········222	9.2 Glyph Designer·········253
7.7 使用 NSUserDefaults·········223	9.2.1 准备工作·········253
7.7.1 操作步骤·········223	9.2.2 操作步骤·········255
7.7.2 工作原理·········224	9.2.3 工作原理·········256
第8章 效果·········225	9.3 粒子系统·········257
8.1 内容简介·········225	9.3.1 准备工作·········257

9.3.2 操作步骤……263
9.3.3 工作原理……264
9.4 TexturePacker……264
9.4.1 准备工作……265
9.4.2 工作原理……270
9.5 PhysicsEditor……271
9.5.1 准备工作……271
9.5.2 操作步骤……275
9.5.3 工作原理……277

第10章 Swift/SpriteBuilder 基础……278

10.1 内容简介……278
10.2 了解Swift语法……278
10.2.1 准备工作……279
10.2.2 操作步骤……279
10.3 Cocos2d Swift……305
10.3.1 准备工作……305
10.3.2 操作步骤……305
10.3.3 工作原理……308
10.4 SpriteBuilder 基础……309
10.4.1 准备工作……309
10.4.2 操作步骤……309
10.4.3 工作原理……318

第11章 移植到Android……319

11.1 内容简介……319
11.2 安装Android Xcode 插件……320
11.2.1 准备工作……320
11.2.2 操作步骤……320
11.3 启用设备中的USB调试功能……323
11.4 在设备上运行SpriteBuilder 项目……325
11.5 移植项目到Android 中……328
11.6 No Java runtime 错误……334
11.7 Provision profile 错误……335
11.8 Blank screen 错误……336
11.9 有用的资源……336

第 1 章
精灵与动画

本章涵盖主题如下：

- 下载并安装 Cocos2d
- 2D 坐标系统
- 访问主场景（MainScene）
- 添加精灵到场景
- 使用 RenderTexture 创建精灵
- 创建自定义精灵类
- 动画精灵
- 添加动作到精灵
- 绘制 glPrimitives
- 添加视差效果

1.1 内容简介

在本章中，我们将介绍有关 Cocos2d 框架的一些基本知识，以便帮助各位了解相关概念。首先，了解下载并安装 SpriteBuilder/Cocos2d 的过程，然后讲解 Cocos2d 中使用的 2D 坐标系统。

在学完基础内容之后，接着介绍精灵的基本属性以及如何把它们添加到场景之中。我们将了解一下如何把一幅图像添加到精灵对象，并讨论如何创建一个占位精灵，以便在游戏原型阶段测试基本的游戏机制与冲突。然后，再学习如何使用 gIPrimitives 创建基本形状。在此之后，我们将讨论如何使用动作对精灵进行移动、旋转、缩放操作，以及如何把动作绑定到精灵对象上。接下来，我们将学习如何使用精灵帧来让一个角色动起来。最后，我们向场景添加视差滚动效果，赋予它更多动感。

1.2 下载并安装 Coscos2d

在创建并运行 Cocos2d 项目之前，必须先安装 SpriteBuilder 与 Xcode。在本部分中，我们将简单地介绍一下如何安装它们。

1.2.1 准备工作

首先到 `http://cocos2d.spritebuilder.com` 下载 Coscos2d，并进行安装。

目前 Spritebuilder 已成为 Cocos2d 的官方安装程序。单击 Cocos2d-SpriteBuilder installer 链接，随后打开 Mac App Store Preview 页面，而后完成安装。

如果想下载较早版本的 Coscos2d，你也可以在如图 1-1 所示页面的"Archived Releases"区域中查找并下载它们。

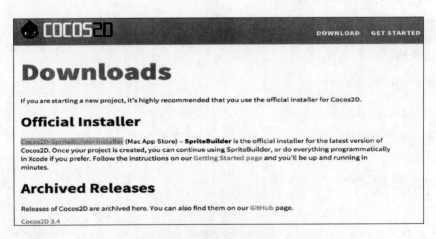

图 1-1

如图 1-2 所示，当出现提示时，单击 View in Mac App Store 链接，然后单击 Launch Application。

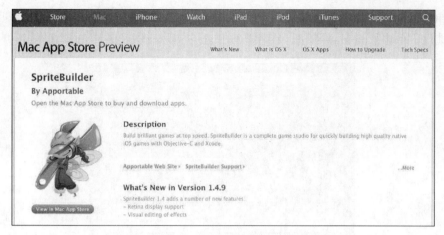

图 1-2

如图 1-3 所示，打开 App Store 之后，单击 Install，启动安装过程。请注意，下载文件时需要先使用账户进行登录。

图 1-3

安装完成后，SpritesBuilder 将出现在应用程序文件夹中。打开 Launchpad，单击 SpritesBuilder 程序即可打开它，如图 1-4 所示。

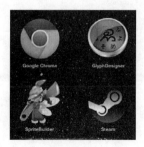

图 1-4

SpritesBuilder 启动之后，将邀请你加入 SpritesBuilder 邮件列表。如图 1-5 所示，添加 E-mail 地址，单击 Continue 按钮，或者单击 Sign Up Later 按钮。

图 1-5

在本书后面的部分，我们将学习如何使用 SpritesBuilder 创建一个小项目。目前，我们已经做好创建一个新项目的准备。在菜单中，依次单击 File-New Project，选择一个位置用于创建项目文件夹。

如图 1-6 所示，在打开的 Save as 窗口中，可以选择主要的编码语言。由于我们要使用 Objective-C 语言，所以请在窗口底部的 Primary Language 中确保已选择了 Objective-C 语言。

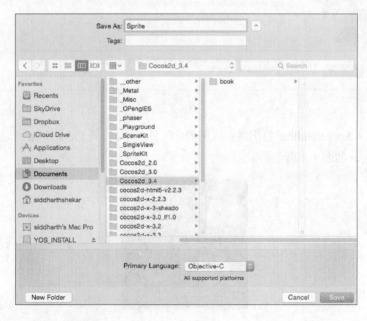

图 1-6

在为项目选定保存位置之后，在顶部的 Save As 文本框中，输入项目名称。请记住项目名称与保存位置，后面在 Xcode 中打开项目时需要使用这些信息。

接下来，我们需要在 Xcode 中打开项目。首先，我们要了解如何使用 Xcode 编写代码，这是编写一款复杂游戏所必需的。在本书后面的章节中，我们将继续讨论如何使用 SpriteBuilder 简化游戏开发过程。

现在，可以关闭 SpriteBuilder 项目了，我们已经不再需要它。

如果你尚未安装 Xcode，请先从 Mac App Store 下载它，如图 1-7 所示。

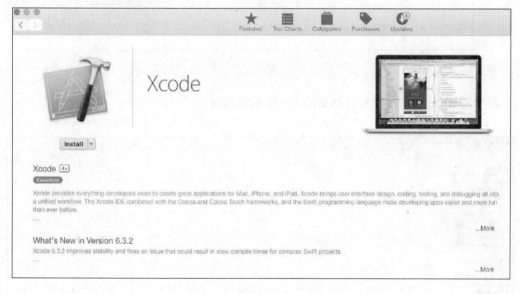

图 1-7

安装 Xcode 与安装其他应用非常类似。

1.2.2　操作步骤

执行如下步骤。

1. 安装好 Xcode 之后，进入存储项目的文件夹中，双击 `projectname.xcodeproj` 文件。这里，由于我把项目命名为 `Sprite`，因此要双击 `Sprite.xcodeproj` 文件，如图 1-8 所示。

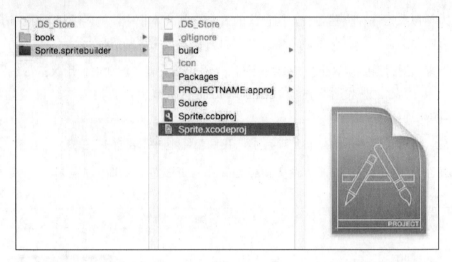

图 1-8

2. 打开项目之后，你将看到如图 1-9 所示的界面。

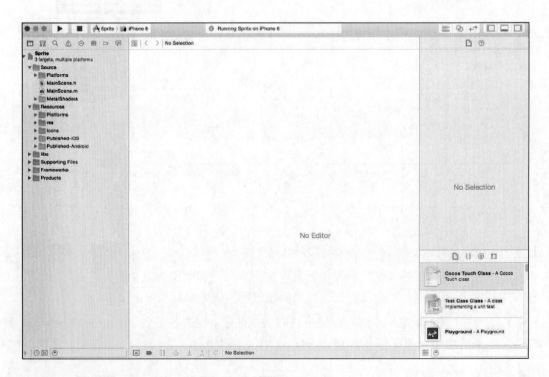

图 1-9

1.2.3 工作原理

单击左上角的 play 按钮，运行项目，如图 1-10 所示。

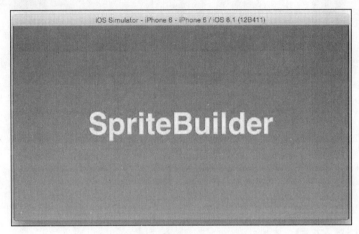

图 1-10

这将在模拟器中运行并显示默认项目。祝贺你！你已经成功运行 Coscos2d。

1.3 2D 坐标系统

在 2D 游戏开发中，我们只需考虑两种坐标系统，一种是屏幕坐标系统，另一种是对象坐标系统。

在 2D 中，无论何时，当我们把一个对象放置到屏幕上时，总是要考虑对象离屏幕的左下角有多远。这是因为坐标原点位于屏幕的左下角，而非屏幕的中心。正因如此，如果把一个精灵放置到屏幕上，并且未修过它的位置时，它将在屏幕的左下角被创建出来。请记住，屏幕坐标原点［(0,0)］位于屏幕的左下角。如图 1-11 所示，如果你想把精灵放置到屏幕的中心，需要把精灵位置设置为位置属性中宽与高的一半。由于所有对象的位置都基于屏幕的左下角确定，因此我们把这种坐标系统称为屏幕坐标系统。

对象坐标系统只涉及精灵自身，精灵中心与对象中心重合，这与坐标原点位于屏幕左下角的屏幕坐标系不同。精灵的中心称为锚点。当你旋转一个精灵时，精灵将围绕其中心进行旋转，这是因为坐标原点位于精灵中心。通过修改精灵的锚点属性，你可以更改精灵的原点。

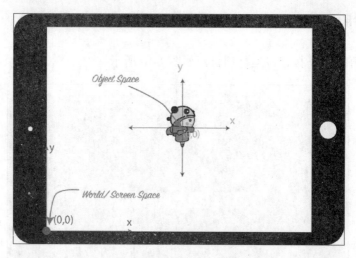

图 1-11

1.4 访问主场景（MainScene）

当启动应用时，将默认加载在 SpriteBuilder 中创建好的场景。下面，我们将打开 MainScene 文件并且稍微做一些修改，而后加载它以取代默认场景。

1.4.1 准备工作

到目前为止，MainScene.h 和 MainScene.m 两个文件中没有任何代码。接下来，打开它们，并添加如下代码。

1.4.2 操作步骤

首先，打开 MainScene.h 文件，添加如下代码。

```
@interface MainScene :CCNode{

CGSizewinSize;
}

+(CCScene*)scene;

@end
```

1.4 访问主场景（MainScene）

接着，在 MainScene.m 文件中，添加如下代码。

```
#import "MainScene.h

@implementation MainScene

+(CCScene*)scene{

  return[[self alloc]init];

}

-(id)init{

  if(self = [super init]){

  winSize = [[CCDirectorsharedDirector]viewSize];

  }

  return self;
}

@end
```

然后，转到 AppDelegate.m 文件，它位于 Source/Platforms 下的 iOS 文件夹中，如图 1-12 所示。

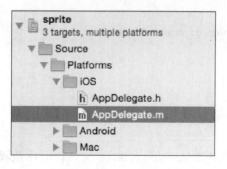

图 1-12

在 startScene 函数中修改代码（粗体部分）如下：

```
- (CCScene*) startScene
{
```

```
//Comment or delete line below as shown
//return [CCBReaderloadAsScene:@"MainScene"];

//add below line instead
return [MainScene scene];
}
```

至此，我们已经创建好一个完整的空白项目，供练习使用。

此时，如果你编译并运行空白项目，将只能看到一个黑色屏幕。为了确保我们的确为绘制做好了准备，并且保证绘制的内容能够显示在屏幕上，让我们添加一些用于更改背景颜色的基本代码。

在 MainScene.m 文件的 init 函数中，添加如下代码。

```
-(id)init{

  if(self = [super init]){

    winSize = [[CCDirectorsharedDirector]viewSize];

    CGPoint center = CGPointMake(winSize.width/2,
      winSize.height/2);

    //Background
    CCNode* backgroundColorNode = [CCNodeColor
      nodeWithColor:[CCColor
      colorWithRed:0.0f
      green:1.0
      blue:0.0]];
    [selfaddChild:backgroundColorNode];

  }

  return self;
}
```

在 init 函数中，首先初始化 super init 文件，而后获取当前设备的屏幕尺寸，再创建一个 CGPoint 类型的辅助变量，用来计算屏幕中心。

接着，我们创建一个新的 CCNode，命名为 backgroundColorNode，并调用 CCNodeColor 类和 nodeWithColor 函数。在其内，我们将传递红色、绿色、蓝色值。由于我想要绿色背景，所以我把绿色值设置为 1，其他均设置为 0。

最后，我们把 `backgroundColorNode` 添加到场景中。

1.4.3 工作原理

运行项目，观察刚才所做的更改，如图 1-13 所示。

此时，将只能看到一个绿色屏幕，它就是刚刚被添加到场景中的节点。如果你只想一个普通背景，而不想往项目中导入一幅图像，这是一种非常有用且快捷的方式，它让你能够轻松得到带有任何颜色的背景。

图 1-13

1.5 添加精灵到场景

为了在屏幕上显示图像，并对图像进行处理，你需要使用 CCSprite 类把图像添加到场景中。与普通图像不同，精灵拥有多种属性，例如移动、缩放、旋转等，它们可以用来对图像进行处理。

1.5.1 准备工作

为了把精灵添加到场景中，我们需要先把背景图像导入到项目中。

1.5.2 操作步骤

前面我们已经在 `init` 函数中添加了有关 `backgroundColorNode` 的代码，紧接其下，添加如下代码。

```
//Basic CCSprite - Background Image
CCSprite* backgroundImage = [CCSpritespriteWithImageNamed:@"Bg.png"];

backgroundImage.position = CGPointMake(winSize.width/2,
   winSize.height/2);
[selfaddChild:backgroundImage];
```

这里，我们将获取 Bg 图像，并且将其作为子成员添加到当前场景中。从本章的 Resources 文件夹，把如图 1-14 所示的 `Bg-ipad.png` 与 `Bg-ipadhd.png` 文件拖动到项目的 `Resources/Published-iOS` 文件夹中。

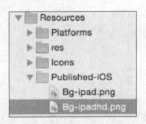

图 1-14

我们还必须对 `CCBReader.m` 文件稍微做一下改动。在 Search 中，输入 `CCFileUtilsSearchMode` 文本，进行搜索。然后用 `CCFileUtilsSearchModeSuffix` 取代 `CCFileUtilsSearchModeDirectory`，如图 1-15 所示。

这将更改 `searchmode` 文件，使其从目录变为后缀模式。

图 1-15

1.5.3 工作原理

此时，如果已经编译并运行项目，你将会看到如图 1-16 所示的一幅图像。通过这种方式，我们可以在场景中显示出精灵。

图 1-16

1.6 使用 RenderTexture 创建精灵

RenderTexture 用来创建占位精灵，它们可以用来构建游戏原型。如果你想测试精灵的移动、跳跃代码，但又不想访问精灵，使用 RenderTexture 是创建精灵既快速又直接的方式。

1.6.1 准备工作

为了创建 RenderTexture 精灵，我们将编写一个新函数，当我们给出要创建精灵的尺寸与颜色时，它将创建并返回创建好的精灵。

1.6.2 操作步骤

在 MainScene.h 文件中，之前我们创建了 scene 函数，在该函数之下，添加如下粗体代码。

+(CCScene*)scene;

-(CCSprite *)spriteWithColor:(ccColor4F)bgColor
textureWidth:(float)textureWidth
textureHeight:(float)textureHeight;

@end

这个函数将根据所给出的颜色、宽度、高度创建并返回 CCSprite 精灵。

在 MainScene.m 文件中，在 init 函数之下，添加前面函数定义如下：

```
-(CCSprite *)spriteWithColor:(ccColor4F)bgColor
textureWidth:(float)textureWidth
textureHeight:(float)textureHeight {

  CCRenderTexture *rt =
    [CCRenderTexture
    renderTextureWithWidth:textureWidth
    height:textureHeight];

  [rtbeginWithClear:bgColor.r
    g:bgColor.g
    b:bgColor.b
    a:bgColor.a];

    [rt end];

  return [CCSpritespriteWithTexture:rt.sprite.texture];

}
```

在该函数中，我们创建了一个新变量 rt，它是 CCRenderTexture 类型，并且把传入函数的宽度与高度传递给它。

然后，使用传入的颜色清空 RenderTexture，再调用 rt 的 end 函数。

最后，我们将通过传入 rt 精灵纹理创建 CCSprite，并作为函数返回值进行返回。

1.6.3 工作原理

为了使用 RenderTexture 函数，需要先在添加背景到场景的代码之下添加如下代码。

```
//rtSprite
CCSprite* rtSprite = [self spriteWithColor:ccc4f(1.0, 1.0, 0.0, 1.0)
textureWidth:150textureHeight:150];
rtSprite.position = CGPointMake(winSize.width/2,
winSize.height/2);
[selfaddChild:rtSprite];
```

在上述代码中，我们创建了一个新变量 rtSprite，它是 CCSprite 类型，并把调用我们的函数所创建出的精灵赋给它。

调用函数时，将通过传入的 r、g、b、a 值，创建 ccc4f 类型的颜色。为了获得黄色，把红色、绿色全部设置为 1。此外，我们还分别把宽度、高度值设置 150。

然后，把 rtSpirte 精灵的位置设置到场景中心，最后将其添加到场景中。运行场景，你将看到如图 1-17 所示的结果。

图 1-17

1.6.4 更多内容

通过修改 rgba 颜色值，可以更改精灵颜色。

比如，这里我把 rgba 颜色值修改为(1.0,0.0,1.0,1.0)（品红色——注：原书所述的黄色是错误的，应为品红色），你将看到如图 1-18 所示的结果。

```
//rtSprite
CCSprite* rtSprite = [self spriteWithColor:ccc4f(1.0, 0.0, 1.0, 1.0)
textureWidth:150textureHeight:150];
rtSprite.position = CGPointMake(winSize.width/2, winSize.height/2);
[selfaddChild:rtSprite];
```

图 1-18

1.7 创建自定义精灵类

前面我们只是考虑如何把一个精灵添加到场景中，然而，以后可能想要一个单独的精灵类，以便你能为它添加自己的行为。在这一部分，我们将讨论如何通过扩展基本的 CCSprite 类来创建自定义的精灵类。

1.7.1 准备工作

让我们一起看一下如何创建一个自定义精灵类，它拥有自己的运动，并且更新函数。

为此，我们要先创建新文件。

1. 在菜单栏中，依次选择 File-New-File，在 iOS 的 Source 下，选择 Cocoa Touch Class，单击 Next 按钮，如图 1-19 所示。

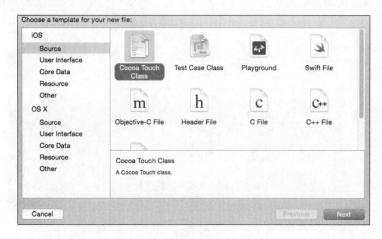

图 1-19

2. 接着，我们输入类名，在 Subclass of 中选择 CCSprite，选择 Language 为 Objective-C，单击 Next 按钮，如图 1-20 所示。

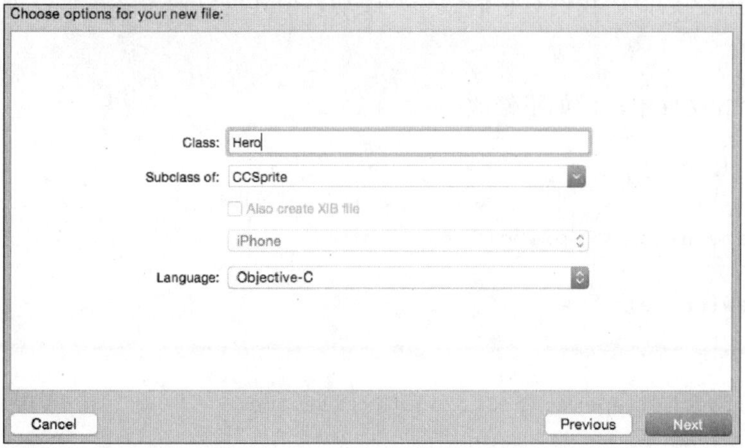

图 1-20

3. 然后，如图 1-21 所示，单击 Create 按钮，将文件添加到项目中。

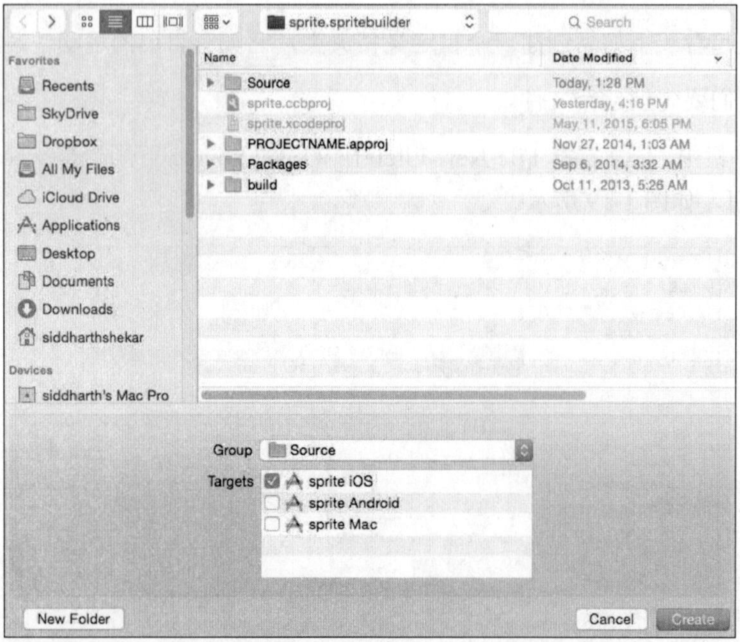

图 1-21

1.7.2 操作步骤

新建好文件之后，让我们对它们做一些改动，使其可以使用字符串作为文件名，且从文件创建精灵。

在 Hero.h 文件中，做如下修改：

```
#import "CCSprite.h"

@interface Hero :CCSprite{

  CGSizewinSize;
}

-(id)initWithFilename:(NSString *) filename;

@end
```

1.7 创建自定义精灵类

接着，修改 Hero.m 文件，如下：

```
#import "Hero.h"

@implementation Hero

-(id)initWithFilename:(NSString *)filename
{
  if (self = [super initWithImageNamed:filename]) {

  }

  return self;
}
@end
```

1.7.3 工作原理

为了创建自定义精灵类的实例，打开 MainScene.h 文件，导入 Hero.h 文件，创建 Hero 类的一个新实例，命名为 hero，代码如下：

```
#import "Hero.h"

@interface MainScene :CCNode{

  CGSizewinSize;
  Hero* hero;

}
```

在 MainScene.m 文件中，在 rtSprite 代码之下，添加如下代码：

```
hero = [[Hero alloc]initWithFilename:@"hero.png"];
hero.position = CGPointMake(center.x - winSize.width/4,
winSize.height/2);
[selfaddChild:hero];
```

在上述代码中，我们使用 hero.png 文件初始化 hero。在 Resources 文件夹中，我们必须把 hero-ipad.png 和 hero-ipadhd.png 文件导入到项目中，导入方式与前面添加 Bg 图像文件时一样。

接着，如图 1-22 所示，我们把 hero 放置到屏幕宽度的左四分之一处，位于屏幕中心的左侧，并且在屏幕高度的二分之一处。最后，把 hero 对象添加到场景中。

图 1-22

接下来，让我们一起看一下如何使 hero 动起来。

1.8 让精灵动起来

在这一部分，我们将讨论如何让精灵动起来。我们将修改自定义精灵类，让角色动起来。通过提供带有许多图像的 Cocos2D，并使之循环通过这些图像，即可产生动画效果。

1.8.1 准备工作

为了让精灵动起来，我们将添加 4 帧动画，并将其应用到 hero 精灵类，通过使用 repeatForever 动作让图像循环动起来。在下一部分，我们将详细讲解有关动作的内容。

1.8.2 操作步骤

在本章的 Resources 文件夹中，含有 hero 帧的普通、ipad、ipadhd 版本图像。我们把所有这些图像文件导入到项目中，如图 1-23 所示。

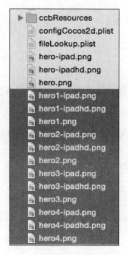

图 1-23

在 Hero.m 文件中，修改 initWithFilename 文件，如下：

```
-(id)initWithFilename:(NSString *)filename
{
  if (self = [super initWithImageNamed:filename]) {

    NSMutableArray *animFramesArray = [NSMutableArray array];

    for (inti=1; i<=4; i++){

      [animFramesArrayaddObject:
        [CCSpriteFrameframeWithImageNamed:
          [NSStringstringWithFormat:@"hero%d.png",i ]]];

    }

    CCAnimation* animation =
      [CCAnimation
      animationWithSpriteFrames:animFramesArraydelay:0.3];

    CCActionInterval *animate=
      [CCActionAnimateactionWithAnimation:animation];

    CCAction* repeateAnimation =
      [CCActionRepeatForeveractionWithAction:animate];

    [selfrunAction:repeateAnimation];

  }
```

```
    return self;
}
@end
```

在上述代码中，我们先是创建了一个 `NSMutableArray` 类型的新变量，命名为 `animFramesArray`。然后，创建一个 `for` 循环，循环变量 i 从 1 到 4，这是因为总共有 4 幅图像。通过传入想遍历的 4 幅图像的名称，我们把动画帧保存到数组之中。

接着，我们创建一个 `CCAnimation` 类型的变量，命名为 `animation`，在 4 个动画帧中进行传递，并且添加延时，设置动画播放时间。

然后，我们创建一个 `CCActionInterval` 类型的变量 `animate`，用来通过动画创建一个循环。接着，创建 `CCAction`，调用 `repeat forever` 动作，用来不断循环遍历动画。

最后，在当前类上运行动作。

1.8.3 工作原理

现在，你应该能够看到人物角色动起来了，如图 1-24 所示。动画的播放速度由 `CCAnimation` 类的延时进行控制。

图 1-24

我们将看到自定义精灵让人物角色动起来了,并且没有对 MainScene 中的实例做任何修改。

1.9 添加动作到精灵

在前面的动画制作中,我们已经学习了一些有关 Actions 的内容。除此之外,Cocos2d 中还有更多动作供你使用。并且,你也可以把多种动作组成一个动作序列,集中应用到目标对象上。

1.9.1 准备工作

首先,让我们一起看一个简单的动作,它用来把 hero 沿着 x 轴移动屏幕宽度的一半,并沿 y 轴方向从中心向下移动屏幕高度的四分之一。

1.9.2 操作步骤

在把 hero 添加到 MainScene 之后,在 MainScene.m 文件中添加如下代码:

```
CGPointfinalPos = CGPointMake(center.x + winSize.width/4, center.y - winSize.height/4);
CCActionFiniteTime* actionMove = [CCActionMoveToactionWithDuration:1.0position:finalPos];
[herorunAction:actionMove];
```

为了方便起见,我创建了一个 CGPoint,命名为 finalPos,用来存储最终位置。然后,创建一个 CCActionFiniteTime 类型的变量 actionMove,调用 CCMoveTo 函数,指定动作的持续时间为 1.0 秒,并且给出想把 hero 移动到的目的位置。最后,调用 hero 的 runAction 函数,传入创建好的动作。

1.9.3 工作原理

当你运行项目时,hero 起初位于黄色渲染精灵的左侧,而后慢慢开始向右下角移动,(注:原文中 if the render sprite is over a period of 1second 一句,建议删除,因为并未对 render 精灵施加动作,它是一直存在的)经过 1 秒之后,hero 到达目标位置,移动动作停止,hero 将再次静止不动,如图 1-25 所示。

图 1-25

1.9.4 更多内容

接下来,让我们创建更多动作,然后把这些动作放入一个动作序列中,依次执行这些动作。为此,我们将添加如下代码,替换掉之前的动作代码:

```
//Actions

CGPointinitPos = hero.position;
CGPointfinalPos = CGPointMake(center.x + winSize.width/4, center.y - winSize.height/4);

CCActionFiniteTime* actionMove = [CCActionMoveToactionWithDuration:
1.0position:finalPos];

CCAction *rotateBy = [CCActionRotateByactionWithDuration:2.0 angle: 180];

CCAction *tintTo= [CCActionTintToactionWithDuration:1.0
color:[CCColorcolorWithRed:0.0fgreen:1.0blue:0.0]];
```

```
CCAction *delay = [CCActionDelayactionWithDuration:1.0];

CCAction *moveToInit = [CCActionMoveToactionWithDuration:
1.0position:initPos];

CCAction *rotateBack = [CCActionRotateByactionWithDuration:2.0 angle:
180];

CCAction *tintBlue= [CCActionTintToactionWithDuration:1.0
color:[CCColorcolorWithRed:0.0fgreen:0.0blue:1.0]];

CCAction *sequence = [CCActionSequenceactions:actionMove,
rotateBy,tintTo, moveToInit, delay, rotateBack, tintBlue, nil];

[herorunAction:sequence];
```

在上面代码中，在把最终位置保存到 finalPos 变量之后，我又把 hero 的初始位置保存到名称为 initPos 的 CGPoint 类型变量中，后面我们会用到它。

第一个动作是 moveTo 动作，用来把角色移动到指定的位置。

接着，我们将使用 rotateBy 动作，对角色进行旋转，并指定持续时间与旋转角度。

随后，我们会使用 tintTo 动作，它用来改变角色对象的颜色，并再次给出持续时间与想改变的颜色。本示例中，我们把角色的颜色更改为绿色。

然后，我们调用延时动作，用来在执行下一个动作之前暂停一段时间。在示例中，我们把延时时间设置为 1 秒。

接下来，我们要把角色对象移动到最初位置，改变对象颜色为蓝色，再次把对象旋转 180 度。

然后，创建 CCSequence 动作，把所有动作放入其中，以便依次播放这些动作。动作添加完之后，再添加一个 nil，表示动作列表结束。

最后，我们调用 hero 的 runAction 函数，执行动作序列。

现在，人物角色将从起始位置开始执行一系列动作，当他返回起始位置时，将变为蓝色。

代码产生的效果如图 1-26 所示。

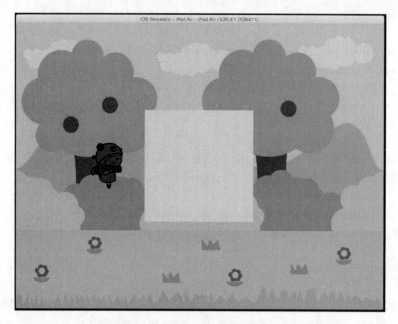

图 1-26

1.10 绘制 gIPrimitives

Cocos2d 使用 openGLES,它是一个图形库,用来把对象显示在屏幕上。其实,到目前为止我们所有的绘图工作都依赖于这个图形库。Cocos2d 也允许你访问 gIPrimitives,使用它可以创建基本形状,如圆形、正方形、矩形等。

1.10.1 准备工作

现在,让我们一起看几个示例。我们将从创建一个简单的圆形开始。

1.10.2 操作步骤

在添加好 hero 节点之后,添加如下代码:

```
//drawDotNode
CCDrawNode* dotNode = [CCDrawNode node];
CCColor* red = [CCColorcolorWithRed:1.0fgreen:0.0fblue:0.0f];
[dotNodedrawDot:CGPointMake(winSize.width/2, winSize.height/2) radius:
10.0fcolor:red];
[selfaddChild:dotNode];
```

gIPrimitives 使用 CCDrawNode 类创建出来。示例中，我们先新建一个 CCDrawNode 实例，命名为 dotNode，然后创建一个 CCColor 类型的变量 red，指定 RGBA 值为 red。

接着，调用 CCDrawNode 的 drawDot 函数，传入圆形的创建位置，并传入圆形半径与颜色。最后，我们把 dotNode 添加到场景中。

1.10.3 工作原理

当你运行项目时，将在屏幕中心看到一个红色圆点。

在示例中，我们指定了圆心位置与圆形半径，Cocos2d 会据此绘制圆形，并且根据我们指定的颜色填充圆形。

绘制圆形只是示例之一，我们也可以使用同样的方法绘制出其他形状，如图 1-27 所示。

图 1-27

1.10.4 更多内容

接下来，我们将看一下如何使用 CCDrawNode 类的 drawWithPolyVerts 函数绘制任意多边形。添加如下代码，替换或者注释掉 DrawDot 节点。

```
// DrawSquareNode
CCDrawNode *squareNode = [CCDrawNode node];

CGPointsquareVerts[4] =
{
  CGPointMake(center.x - 50, center.y - 50),

  CGPointMake(center.x - 50, center.y + 50),
```

```
    CGPointMake(center.x + 50, center.y + 50),
    CGPointMake(center.x + 50, center.y - 50)
};

CCColor* green = [CCColorcolorWithRed:0.0fgreen:1.0fblue:0.0f];

[squareNodedrawPolyWithVerts:squareVerts
    count:4
    fillColor:red
    borderWidth:1
    borderColor:green];

[selfaddChild:squareNode];
```

在上述代码中，我们先创建一个 CCDrawNode 类型的新节点。然后，创建一个 CGPoint 数组，通过 squareVerts 名称进行引用，数组中存储着正方形的 4 个顶点坐标。接下来，创建一个 CCColor 类型的变量 green，使用 RGBA 值将其指定为绿色。

然后，调用 drawPolyLineWithVerts，传入顶点数组，给出要绘制的顶点数，指定填充颜色为红色、边框线宽为 1、边框颜色为 green，green 是我们之前刚刚创建出的 CCColor 类型变量。

最后，我们把 squareNode 添加到场景之中。

运行项目，我们将看到如图 1-28 所示的运行结果。

图 1-28

我们也可以使用同样的代码创建三角形。如果我们让函数绘制 3 个顶点，而非 4 个顶点，一个三角形就被绘制出来，而不是之前的正方形。

为了绘制三角形，修改代码如下，即在代码中，我们把顶点数由原来的 4 个改为 3 个。请注意，并不需要修改顶点数组。

```
CCColor* green = [CCColorcolorWithRed:0.0fgreen:1.0fblue:0.0f];
```

[squareNodedrawPolyWithVerts:squareVerts
  count: 3
  fillColor:red
  borderWidth:1
  borderColor:green];

```
[selfaddChild:squareNode];
```

再次运行项目，我们将看到如图 1-29 所示的变化。

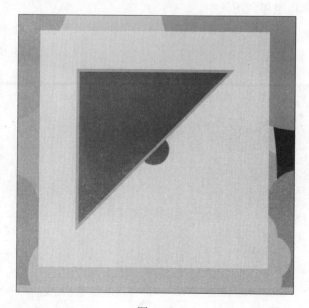

图 1-29

事实上，借助 CCDrawNode 类，我们也可以在两点之间绘制线段。

为此，我们需要在绘制多边形的代码的下方，添加如下代码：

```
//segment node
CCColor* blue = [CCColorcolorWithRed:0.0fgreen:0.0fblue:1.0f];
```

```
CCDrawNode* segmentNode = [CCDrawNode node];

[segmentNodedrawSegmentFrom:center
  to:CGPointMake(center.x + 40, center.y + 40)
  radius: 2.0
  color: blue];

[selfaddChild:segmentNode];
```

在上面代码中,我们先创建了一个 CCColor 类型的变量 blue,用来把线段着为蓝色。然后,我们又创建了一个 CCDrawNode 类型的变量,命名为 segmentNode。

针对 segmentNode,我们调用 drawSegment 函数,设置绘制起点为屏幕中心,终点距离 x 轴为 40 个单位,距离 y 轴也是 40 个单位,并且设置半径为 2.0,它是指线条粗细,指定线条颜色为 blue。

最后,我们把节点添加到场景中。

请注意,在如图 1-30 所示的屏幕截图中,我修改了折线,绘制出了一个正方形,而非三角形。

图 1-30

1.11 添加视差效果

在本部分，我们将向游戏中添加视差效果（背景滚动效果），它是游戏中非常流行的一种效果。在视差效果中，相比于背景中的对象，前景中的对象移动得更快，背景中的对象移动得要慢很多，借此产生立体感与运动错觉。

1.11.1 准备工作

回想一下以前的电影片段，其中的英雄或主角保持静止不动，他们看上去就像在骑马一样，背景不断循环，让人产生错觉，以为英雄在场景中真地向前移动，如图 1-31 所示。

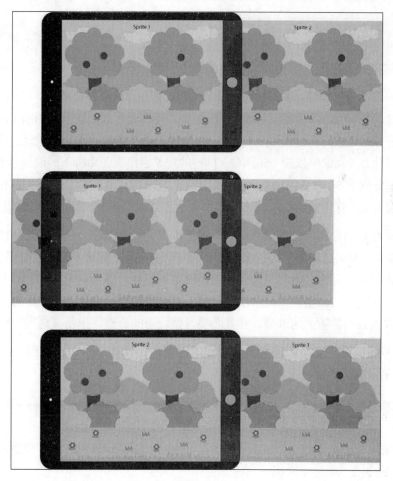

图 1-31

下面我们将实现一个非常简单的视差效果，其中所有的背景对象（例如，树、灌木、草）都以相同的速度进行移动。为了实现这一效果，我们只要获取背景图像，并让它在一个循环中不断移动即可。

视差效果实现如下：针对背景图像，我们将使用两个精灵，而不是一个精灵，在游戏开始时把它们沿水平方向并排放在一起，如图1-31中的第一幅图所示。第一个精灵可见，第二个精灵在屏幕之外，最初玩家并不能看到它。

当游戏开始时，两个精灵将以一定的速度朝 x 轴的负方向移动，即向屏幕左侧移动。两个精灵以相同的速度移动，因此当游戏开始时，精灵1将慢慢地向左逐渐移出屏幕，随之精灵2将一点点地在屏幕显现出来。

一旦精灵1完全移出屏幕，它将快速移到精灵2的右侧，即精灵2在游戏开始时所处的位置上。

上述过程将在一个循环中不断重复进行。两个精灵总是向屏幕左侧移动。当一个精灵从屏幕左侧移出屏幕之后，它将立即移动到屏幕右侧，并且继续向左一点点地移动。

在为视差滚动创建资源，编写视差效果代码时，有几点需要各位牢记。首先，当为视差效果创建资源时，所使用的图像应该是连续的。例如，当你观看前面的第二幅图像时，会看到背景中的山脉好像是连续的。即使 Sprite 1 与 Sprite 2 是两幅不同的图像，当把它们放在一起时，它们看上去就像单独的一张图像。同样的现象也出现在山脚下的淡绿色灌木丛上。灌木丛的左半部分位于 Sprite 1 中，右半部分位于 Sprite 2 中，当把它们并排在一起时，它们就会一起组成一棵完整的灌木，让人产生一种它们本来就是一棵单独灌木的错觉。

第二点要注意的是图像之间的接缝。即使把图像无缝衔接在一起，并且让精灵以相同的速度移动，有时在精灵之间仍然可能会观察到有缝隙存在。尽管这不是一个非常普遍的问题，但是在一些框架中它可能会出现。为了防止出现这一问题，你可以把图像稍微拉伸一点点，使图像精灵彼此略微发生重叠，通常玩家觉察不到这种细微的变化。另一个方法是采用手工方式把精灵放置到屏幕精灵的末端，并且必要时做适当的调整，把精灵之间的接缝弥合。

上面这些就是视差滚动效果背后涉及到的主要理论。接下来，让我们一起编写代码，实现简单的视差滚动效果。

1.11.2 操作步骤

首先，采用类似于创建 Hero 类的方式，创建 CocosTouchClass 类型的文件，并且将其命名为 ParallaxSprite。

打开 ParallaxSprite.h 文件，添加如下代码。

```
#import "CCSprite.h"

@interface ParallaxSprite :CCSprite{

  CGSize _winSize;
  CGPoint _center;
  CCSprite *_sprite1, *_sprite2;
  float _speed;
}

-(id)initWithFilename:(NSString *)filename Speed:(float)speed;
-(void)update:(CCTime)delta;

@end
```

在上述代码中，我们先创建了几个变量，这些变量后面会用到，例如变量 `_winSize` 和 `_center`，前一个变量用来获取游戏运行设备的屏幕分辨率的大小，后一个用来计算屏幕中心。

接着，我们又创建了两个 **CCSprite** 类型的变量，持有两张图像，在视差效果中用来不断循环。

然后，我们添加了一个 `_speed` 变量，用来指定图像移动与循环的速度。

类似于 `Hero` 类，在 `ParallaxSprite` 类中，我们也创建了一个 `initWithFilename` 函数，它使用给定的文件名对类进行初始化。另外，我们也添加了一个 `float` 类型变量，用来指定精灵的速度。

此外，我们还需要一个 `update` 函数，它在 1 秒内会被调用 60 次，用来在类中更新两个精灵的位置。

以上就是 ParallaxSprite.h 文件的所有代码，接下来，转到并打开 ParallaxSprite.m 文件。

在 ParallaxSprite.m 文件中，添加如下代码：

```
#import "ParallaxSprite.h"

@implementation ParallaxSprite

-(id)initWithFilename:(NSString *)filename Speed:(float)speed;{
```

```
    if(self = [super init]){
    
      NSLog(@"[parallaxSprite] (init) ");
      
      _winSize = [[CCDirectorsharedDirector]viewSize];
      
      _center = CGPointMake(_winSize.width/2, _winSize.height/2);
      
      _speed = speed;
      
      _sprite1 = [CCSpritespriteWithImageNamed:filename];
      _sprite1.position = _center;
      [selfaddChild:_sprite1];
      
      _sprite2 = [CCSpritespriteWithImageNamed:filename];
      _sprite2.position = CGPointMake(_sprite1.position.x + _winSize.width
, _center.y);
      [selfaddChild:_sprite2];
      
    }
    return self;
    }
```

在上述代码中，我们首先实现 initWithFilename 函数。在 initWithFilename 函数中，先初始化超类，获取_winSize。接着，通过把窗口的宽度与高度分别除以 2 计算出屏幕中心，再把 speed 的值赋给_speed 变量。

然后，创建_sprite1 和_sprite2 两个变量，在 spriteWithImageNames 中，通过 filename 变量传入文件名字符串。

请注意，_sprite1 被放置到屏幕中心，_sprite2 被设置到屏幕之外，横坐标与_spirte1 相差一个屏幕宽度，纵坐标与_spirte1 相同。

最后，把两个精灵添加到类中。

接下来，我们开始实现 update 函数，添加代码如下：

```
-(void)update:(CCTime)delta{

  floatxPos1 = _sprite1.position.x - _speed;
  floatxPos2 = _sprite2.position.x - _speed;
  
  _sprite1.position = CGPointMake(xPos1, _sprite1.position.y);
  _sprite2.position = CGPointMake(xPos2, _sprite1.position.y);
```

```
    if(xPos1 + _winSize.width/2 <= 0){

        _sprite1.position = CGPointMake(_sprite2.position.x + _winSize.width, _center.y);

    }else if(xPos2 + _winSize.width/2 <= 0){

        _sprite2.position = CGPointMake(_sprite1.position.x + _winSize.width
        , _center.y);
    }
}

@end
```

首先，我们分别为两个精灵计算它们在 *x* 轴上的新位置，计算时先获取精灵当前位置的 *x* 值，再用它减去精灵的移动速度。之所以这样做，是因为我们希望在每次调用 update 函数时让精灵沿着 *x* 轴的负方向进行移动。

接着，我们把新坐标分别指派给两个精灵，其中 *x* 值为上面计算得到的值，*y* 值保持原值不变。

然后，检测图像的右边缘对于玩家是否仍然可见，还是已经移出屏幕左侧之外。如果是这样，我们就把精灵放到脱屏位置上，即纵坐标不变，横坐标与另一个精灵相距一个屏幕宽度，以确保两个精灵之间不会出现缝隙。

在代码中，我们使用了 if-else 语句，这是因为每次只会有一个精灵移出屏幕左侧边界。

1.11.3　工作原理

下面让我们一起看一下如何使用 ParallaxSprite 类。在 MainScene.h 类中，引入 ParallaxSprite.h 文件，创建一个 ParallaxSprite 类型的变量 pSprite，代码如下：

```
#import "Hero.h"
#import "ParallaxSprite.h"

@interface MainScene :CCNode{

CGSizewinSize;
    Hero* hero;
ParallaxSprite* pSprite;

}
```

然后，在 MainScene.m 文件中，移除本章开始时用来添加背景精灵的代码，添加如下代码：

```
//Basic CCSprite - Background Image - REMOVE
//CCSprite* backgroundImage = [CCSpritespriteWithImageNamed:@"Bg.png"];
//backgroundImage.position = CGPointMake(winSize.width/2, winSize.height/2);
//[self addChild:backgroundImage];

//Parallax Background Sprite - ADD
pSprite = [[ParallaxSpritealloc]initWithFilename:@"Bg.png" Speed:5];
[selfaddChild:pSprite];
```

正如前面我们所做的那样，我们把 Bg.png 文件指派给 pSprite，此外，我们又指定了速度值为 5。

请注意，不必手工调用 ParallaxSprite 类的 update 函数，每一帧它都会被自动调用执行。而且，你也不必像以前那样调度它，开始时 update 函数会被自动初始化。

到此为止，我们已经编写好了所有代码，运行代码，我们将会看到如图 1-32 所示的背景滚动效果。

图 1-32

第 2 章
场景与菜单

本章涵盖主题如下：

- 添加主菜单（MainMenu）场景
- 使用 CCLabel 添加文本
- 使用 CCMenu 添加按钮
- 添加 Gameplay 场景
- 场景过渡
- 添加过渡效果
- 添加难度选择场景
- 难度选择滚动场景

2.1 内容简介

在上一章中，我们讨论了如何添加与操控精灵。在本章中，我们将学习如何在游戏中创建场景，它们用来在游戏中创建菜单的基本元素。

场景是游戏的基本构件。通常，在一款游戏中会有一个主菜单场景，从主菜单场景玩家可以切换到其他不同场景中，例如游戏场景、选项场景、得分场景等。在每一个场景中都会有菜单。

类似地，在 MainScene 中，有一个 play 按钮，它是菜单的一部分，当游戏玩家单击它时，就会切换到游戏场景，并开始运行游戏代码。

2.2 添加主菜单（MainMenu）场景

在创建主菜单场景之前，需要先创建一个新项目，并且在加载游戏时要根据第 1 章中的操作步骤加载 MainScene 文件。当然，也不要忘记修改 CCBReader.m 文件，还要修改文件夹搜索参数。

2.2.1 准备工作

其实，这一步并不需要什么其他操作。在本章的后面部分，我们将讨论如何使用自定义的 init 函数创建更为复杂的场景。

目前，我们将把 MainScene 用作 MainMenu 场景，并且使用文本、按钮、场景过渡函数进一步完善它。

2.2.2 操作步骤

到目前为止，我们已经有了一个 MainMenu.h 文件，它拥有如下类似代码：

```
@interface MainScene : CCNode

+(CCScene*)scene;

@end
```

也有一个 MainMenu.m 文件，代码如下：

```
#import "MainScene.h"

@implementation MainScene

+(CCScene*)scene{
  return[[self alloc]init];
}

-(id)init{
    if(self = [super init]){
```

```
    winSize = [[CCDirector sharedDirector]viewSize];

  }

  return self;

}

@end
```

上面代码中没有什么新东西。我们可以像在第 1 章中所做的那样在 init 函数中添加背景图像，让场景显得更好看一些。我们将在 init 函数中添加如下代码：

```
-(id)init{

  if(self = [super init]){

    winSize = [[CCDirector sharedDirector]viewSize];

    CCSprite* backgroundImage =
      [CCSprite spriteWithImageNamed:@"Bg.png"];

      backgroundImage.position =
        CGPointMake(winSize.width/2,
      winSize.height/2);

      [self addChild:backgroundImage];

  }

  return self;
}
```

2.2.3 工作原理

编译并运行代码，确保代码中没有错误发生，因为接下来我们要把这个文件用作主菜单场景。

运行场景之后，你将看到背景图像，与第 1 章中的背景图像一模一样。

场景是创建游戏界面的基本构件。一个场景可以包含任意数量的精灵、文本标签、菜单，以及它们的任意组合等，并且它能满足开发者的需要，允许他们使用这些元素搭建场景。

以上代码只是演示了如何创建场景，以及基本游戏场景看上去是什么样子，如图 2-1 所示。在本章后面部分，我们将讨论如何定制我们自己的场景。

图 2-1

接下来，我们将添加文本标签、按钮、菜单，进一步完善我们的主菜单场景。

2.3 使用 CCLabel 添加文本

在这一部分，我们将学习如何向场景中添加文本。在 Cocos2d 中，有两种方法可以用来向场景中添加文本：一种是使用 `CCLabelTTF` 类，另一种是使用 `CCLabelBMFont` 类。我们将在本书第 9 章的 Glyph Designer 一节中讲解 `CCLabelBMFont`，本部分我们只讲解 CCLabels，了解一下它们是如何工作的。

2.3.1 准备工作

CCLabelTTF 使用 Mac 系统中现有的系统字体。在使用 `CCLabelTTF` 类时，我们只需指定要使用的字体名称、希望显示的文本以及字体大小，就能轻松地以指定的字体、大小显示给出的文本。

> 请注意，有些字体虽然已经安装到系统中，但是仍然无法在游戏中使用。这是因为 Cocos2d 只支持一部分系统字体。如果你想添加列表中没有的系统字体，就需要手动添加它。

2.3.2 操作步骤

添加好背景图像之后，紧接着添加如下代码：

```
CCLabelTTF *mainmenuLabel =
  [CCLabelTTF labelWithString:@"Main Menu"
    fontName:@"AmericanTypewriter-Bold"
    fontSize: 36.0f];

mainmenuLabel.position =
  CGPointMake(winSize.width/2,
  winSize.height * 0.8);
[self addChild:mainmenuLabel];
```

在上述代码中，我们先创建了一个 CCLabelTTF 类型的 mainmenuLabel 变量，调用 labelWithString 函数，并传入 3 个参数，分别是要显示的文本、字体名称以及字体大小。

然后，设置文本位置，横坐标为宽度的一半，纵坐标是高度的 80%（从屏幕底部算起），所以给定的文本最终出现在整个屏幕中间偏上的位置上。

最后，我们把 mainmenuLabel 添加到场景之中。

在示例代码中，我们使用了 AmericanTypeWriter-Bold 字体。完整的字体列表可以在 SpriteBuilder.app 的 FontListTTF.plist 文件中找到，在我们程序文件中的具体位置为 /Applications/SpriteBuilder.app/Contents/Resources/ FontListTTF.plist。

2.3.3 工作原理

CCLabelTTF 的工作方式类似于精灵，你可以修改它的位置或旋转它，甚至对它进行缩放操作（见图 2-2）。

图 2-2

2.3.4 更多内容

你也可以向文本字体添加阴影与描边。在把文本添加到场景之后,紧接着添加如下代码:

```
//adding shadow
mainmenuLabel.shadowColor =
   [CCColor colorWithRed:0.0 green:0.0 blue:1.0];
mainmenuLabel.shadowOffset = ccp(1.0, 1.0);
//adding outline
mainmenuLabel.outlineColor =
   [CCColor colorWithRed:1.0 green:0.0 blue:0.0];

mainmenuLabel.outlineWidth = 2.0;
```

阴影颜色属性用来为阴影添加颜色,在示例代码中,我们使用阴影颜色属性把阴影设置为蓝色。此外,我们还需要设置阴影偏移,否则阴影将会被文本覆盖掉而变得不可见。

类似地，描边颜色属性（outlineColor）用来设置文本描边颜色（见图 2-3），描边粗细属性（outlineWidth）用来设置文本轮廓线的粗细，默认值为 1.0f。

图 2-3

2.4 使用 CCMenu 向场景添加按钮

按钮是用来在不同场景之间进行导航的主要方式。在本部分中，我们将学习如何向场景中添加按钮。

2.4.1 准备工作

按钮与普通精灵类似，但是制作时，需要使用两张图片。一张图片用来在按钮常态下进行显示，即在按钮未按下时显示，另一张图片在按钮按下时显示。

学习本部分时，所需要的资源在本章的资源文件夹中有提供，针对于 iPad 与 iPad HD 共有 4 张图片，其中两张图片用来在按钮正常状态下（未按下）显示，另外两张在按钮按下时显示。复制 4 张图片到项目的 Resource/Publishes-iOS 文件夹下。

并且,在 MenuScene.m 文件顶部添加如下代码,导入 Cocos2d-ui.h 文件。当添加按钮与布局类时,需要导入该文件。

```
#import "cocos2d-ui.h"
```

2.4.2 操作步骤

前面我们已经在 MenuScene.m 文件中添加了文本描边代码,紧随其后,添加如下代码:

```
CCButton *playBtn = [CCButton buttonWithTitle:nil

  spriteFrame:[CCSpriteFrame
  frameWithImageNamed:@"playBtn_normal.png"]
  highlightedSpriteFrame:[CCSpriteFrame frameWithImageNamed:@
  "playBtn_pressed.png"]

  disabledSpriteFrame:nil];
```

制作按钮时,我们必须使用 CCButton 类,它带有 4 个参数,分别为按钮标题、常态下的 spriteFrame 参数、高亮或按下时的精灵帧,以及按钮不可用时的精灵帧。

本示例中,我们只传入两张图片:一张是按钮在常态下显示的图片,另一张是按钮按下时要显示的图片。

此时,如果运行项目,我们不会在屏幕上看到按钮。这是因为我们还没有把按钮添加到场景中。在把按钮添加到场景之前,需要先把它们添加到一个 CCLayout 类型的按钮菜单中,然后再把它们添加到场景之中。

为此,让我们先创建一个 CCLayout 类型的变量,代码如下:

```
        CCLayoutBox * btnMenu;
        btnMenu = [[CCLayoutBox alloc] init];
        btnMenu.anchorPoint = ccp(0.5f, 0.5f);
        btnMenu.position = CGPointMake(winSize.width/2,
          winSize.height * 0.5);
        [btnMenu addChild:playBtn];

        [self addChild:btnMenu];
```

在上面代码中,我们创建了一个名称为 btnMenu 的 CCLayout 类型的变量,而后为它分配内存并进行初始化。接着,我们把按钮的锚点设置为 center,不然所有按钮都会被定位到按钮菜单的左下位置。然后,把按钮菜单放置到屏幕中心。

最后，我们把 playBtn 按钮添加到 btnMenu 中，再把 btnMenu 本身添加到场景中，如图 2-4 所示。

图 2-4

现在，我们就可以在屏幕上看到添加好的按钮了。并且，当我们按下按钮时，按钮上的显示图片将被替换为按钮按下时的图片。

为了让按钮执行某个动作，我们需要在按钮按下且被释放时调用一个函数。

首先，在 playBtn 变量之后，添加如下粗体代码。

```
CCButton *playBtn = [CCButton buttonWithTitle:nil
   spriteFrame:[CCSpriteFrame frameWithImageNamed:@"playBtn_normal.
png"]
   highlightedSpriteFrame:[CCSpriteFrame frameWithImageNamed:@
"playBtn_pressed.png"]
   disabledSpriteFrame:nil];

[playBtn setTarget:self selector:@selector(playBtnPressed:)];
```

然后，再添加如下代码，当按下并释放按钮时将执行它。

```
-(void)playBtnPressed:(id)sender{
```

```
    CCLOG(@"play button pressed");

}
```

2.4.3 工作原理

在上述代码中，我们把 `playBtnPressed` 函数指派给了 `playBtn` 按钮。这样一来，当按下并释放按钮时，`playBtnPressed` 函数就会被调用执行，目前它只是在控制台上输出一段文字，用来告诉我们按钮被按下了。

当按下并释放按钮时，你将看到控制台高亮显示，并且在其中看到输出如图 2-5 所示的文本内容。

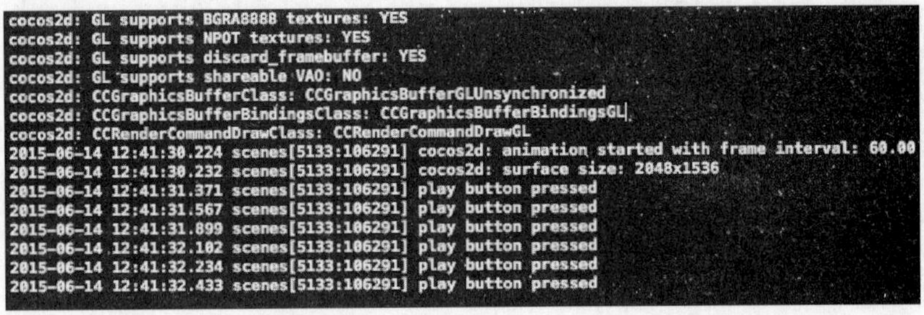

图 2-5

2.5 添加 Gameplay 场景

当按下 play 按钮时，游戏应该切换到另一个场景，为此我们需要创建一个新场景，以便从原来的场景切换到新场景。首先，让我们学习一下如何创建一个场景。

2.5.1 准备工作

现在，让我们添加 gameplay 场景。在第 1 章中，我们已经学习过如何创建文件，采用相同方法，创建 GamePlayScene 类文件。

2.5.2 操作步骤

如上，我创建了一个名为 `GamePlayScene` 类。GamePlayScene.h 文件中包含的代码如下：

```
#import "CCScene.h"

@interface GameplayScene : CCNode

+(CCScene*)scene;
-(id)initWithLevel:(NSString*)lvlNum

@end
```

GamePlayScene.m 文件包含如下代码:

```
#import "GameplayScene.h"
#import "cocos2d-ui.h"

@implementation GameplayScene
+(CCScene*)scene{

    return[[self alloc]initWithLevel:lvlNum];
}

-(id)initWithLevel:(NSString*)lvlNum{

  if(self = [super init]){


    CGSize winSize = [[CCDirector sharedDirector]viewSize];

    //Basic CCSprite - Background Image
    CCSprite* backgroundImage = [CCSprite spriteWithImageNamed:@
    "Bg.png"];
    backgroundImage.position = CGPointMake(winSize.width/2,
    winSize.height/2);
    [self addChild:backgroundImage];

    CCLabelTTF *mainmenuLabel = [CCLabelTTF labelWithString:@"Gameplay
    Scene" fontName:@"AmericanTypewriter-Bold" fontSize: 36.0f];
    mainmenuLabel.position = CGPointMake(winSize.width/2, winSize.
height
    * 0.8);
    self addChild:mainmenuLabel];

    CCLabelTTF *levelNumLabel = [CCLabelTTF labelWithString:lvlNum
```

```
    fontName:@"AmericanTypewriter-Bold" fontSize: 24.0f];
    levelNumLabel.position = CGPointMake(winSize.width/2, winSize.
height
    * 0.7);
    [self addChild:levelNumLabel];


    CCButton *resetBtn = [CCButton buttonWithTitle:nil
        spriteFrame:[CCSpriteFrame frameWithImageNamed:@
        "resetBtn_normal.png"]
        highlightedSpriteFrame:[CCSpriteFrame frameWithImageNamed:@
        "resetBtn_pressed.png"]
        disabledSpriteFrame:nil];

    [resetBtn setTarget:self selector:@selector(resetBtnPressed:)];


    CCLayoutBox * btnMenu;
    btnMenu = [[CCLayoutBox alloc] init];
    btnMenu.anchorPoint = ccp(0.5f, 0.5f);
    btnMenu.position = CGPointMake(winSize.width/2, winSize.height *
    0.5);

    [btnMenu addChild:resetBtn];
    [self addChild:btnMenu];

  }

  return self;
}

-(void)resetBtnPressed:(id)sender{

  CCLOG(@"reset button pressed");
}

@end
```

2.5.3 工作原理

GamePlayScene 类与 MainScene 类相似，但是在其中，我们添加了自定义场景和 init 函数，以便向类中传入字符串形式的难度级别数字。

此外，我们也添加了一个用于显示当前游戏难度级别的标签。

同样地，目前 GamePlayScene 类不做任何事。但是，在接下来的部分中，我们将学习如何从一个场景过渡到 gameplay 场景，其中会显示我们当前选择的游戏难度级别。

2.6 在场景之间进行过渡切换

在本部分中，我们将讨论如何在场景之间进行过渡切换。

2.6.1 准备工作

绝大部分准备工作已经在前面完成，接下来，让我们专心编写代码。由于我们希望从一个场景过渡到 GameplayScene 场景，所以必须先把 GameplayScene 类导入到 MainScene.m 文件，代码如下：

```
#import "GameplayScene.h"
```

2.6.2 操作步骤

接着，在 MainScene.m 文件的 playBtnPressed 函数中，添加如下粗体代码：

```
-(void)playBtnPressed:(id)sender{

  CCLOG(@"play button pressed");

  [[CCDirector sharedDirector] replaceScene:
    [[GameplayScene alloc]
    initWithLevel:@"1"]];
}
```

2.6.3 工作原理

当我们按 play 按钮时，游戏将会加载 GameplayScene 场景，显示"GameplayScene"文本，并且显示当前所选的游戏难度级别 1，如图 2-6 所示。

图 2-6

2.6.4 更多内容

接下来，我们添加一个重置按钮，以及按下重置按钮要调用的函数，它会让我们从 GameplayScene 返回到 MainMenu 场景中。在 GameplayScene.m 文件中，修改 resetButtonPressed 函数，代码如下。这样一来，当我们按重置按钮时，就会从当前场景切换回 MainMenu 场景之中。

```
-(void)resetBtnPressed:(id)sender{

    CCLOG(@"reset button pressed");

    [[CCDirector sharedDirector]
      replaceScene:[[MainScene alloc] init]];

}
```

运行代码，按下重置按钮，将返回主菜单场景中。

2.7 添加过渡效果

如果你认为添加过渡效果十分酷炫，你可以在 Cocos2d 中添加切换场景时的过渡效果，这十分简单。

2.7.1 准备工作

我们真正需要做的是，在 `playBtnPressed` 函数中，使用设置过渡效果的代码代替前面所写的代码。创建过渡效果时，需要使用 `CCTransition` 类。

2.7.2 操作步骤

在 `playBtnPressed` 函数中，使用如下粗体代码代替上一节编写的代码。

```
-(void)playBtnPressed:(id)sender{

  CCLOG(@"play button pressed");

  //[[CCDirector sharedDirector] replaceScene:[[GameplayScene alloc]
  initWithLevel:@"1"]];

  CCTransition *transition = [CCTransition
transitionPushWithDirection:
  CCTransitionDirectionLeft duration:0.20];

  [[CCDirector sharedDirector]replaceScene:[[GameplayScene alloc]
  initWithLevel:@"1"] withTransition:transition];
}
```

运行应用程序，当切换场景时，你会看到一个漂亮的淡入淡出效果。

2.7.3 工作原理

在创建过渡效果时，主要用到的类是 `CCTransition` 类。通过它，你可以指定要使用的过渡效果类型，也可以指定过渡效果的持续时间。在上面的示例代码中，我把过渡时长设置为 0.2 秒，你也可以根据游戏的实际需要增加或缩短过渡效果的持续时间（见图 2-7）。

图 2-7

2.7.4 更多内容

在添加效果时，Cocos2d 为你提供了许多选择。如图 2-8 所示，你可以浏览效果列表，通过尝试添加它们，观察每种效果的作用。

图 2-8

修改过渡效果，如下所示。再次运行应用，观察应用的新效果，如图 2-9 所示。

```
CCTransition *transition = [CCTransition
transitionRevealWithDirection:
CCTransitionDirectionLeft duration:0.2];
```

图 2-9

2.8 添加难度选择场景

在本部分中,我们将学习如何添加难度选择场景,其中包含多种难度选择按钮,当你按下某个按钮时,相应难度水平的游戏就会被加载进来。

2.8.1 准备工作

为了创建难度级别选择场景,你需要一个自定义精灵,用来显示按钮背景图片以及表示难度级别的数字。首先,我们要创建这些按钮。

在创建好按钮精灵之后,接下来我们要创建一个新场景,用来存放背景图像、场景名称、按钮数组,以及变换场景到指定游戏难度的逻辑。

2.8.2 操作步骤

首先,我们创建一个新的 Cocoa Touch 类,命名为 LevelSelectionBtn,它以

CCSprite 类作为父类。

然后，打开 LevelSelectionBtn.h 文件，在其中添加如下代码：

```
#import "CCSprite.h"

@interface LevelSelectionBtn : CCSprite

-(id)initWithFilename:(NSString *) filename
  StartlevelNumber:(int)lvlNum;

@end
```

上面代码中，我们创建了一个自定义的 init 函数，它带有两个参数，一个是图像文件名，用来指定按钮背景图像，另一个是整数，显示在按钮背景图像之上，表示难度级别。

这就是 LevelSelectionBtn.h 文件中的所有代码。在 LevelSelectionBtn.m 文件中，添加如下代码：

```
#import "LevelSelectionBtn.h"

@implementation LevelSelectionBtn

-(id)initWithFilename:(NSString *) filename StartlevelNumber:
(int)lvlNum;
{
  if (self = [super initWithImageNamed:filename]) {
  
    CCLOG(@"Filename: %@ and levelNUmber: %d",
      filename,
      lvlNum);
    
    CCLabelTTF *textLabel =
      [CCLabelTTF labelWithString:[NSString
      stringWithFormat:@"%d",lvlNum ]
      fontName:@"AmericanTypewriter-Bold"
      fontSize: 12.0f];
    
    textLabel.position =
      ccp(self.contentSize.width / 2,
      self.contentSize.height / 2);
```

```
    textLabel.color = [CCColor colorWithRed:0.1f
       green:0.45f
       blue:0.73f];

    [self addChild:textLabel];

  }

  return self;
}

@end
```

在自定义的 `init` 函数中，首先把参数传入的文件名与游戏难度级别数字在控制台中输出，而后创建一个文本标签，在把整数转换为字符串之后传递给它。

随后，把文本标签放置到当前精灵背景图像的中央，通过把图像的宽度与高度分别除以 2 得到图像中心点坐标。

由于图像背景与文本都是白色，所以需要把文本颜色修改为蓝色，以便把文本显示出来。

最后，我们把文本添加到当前的类中。

以上就是 `LevelSelectionBtn` 类的所有代码。接下来，我们将创建 `LevelSelectionScene` 类，并向其中添加精灵按钮与按下按钮所要执行的逻辑。

创建好 `LevelSelectionScene` 类之后，在头文件（**LevelSelectionScene.h**）中添加如下代码：

```
#import "CCScene.h"

@interface LevelSelectionScene : CCScene{

  NSMutableArray *buttonSpritesArray;
}

+(CCScene*)scene;

@end
```

请注意，在 `LevelSelectionScene.h` 中，除了常见代码之外，我们还创建了一个 `NSMutableArray` 类型的变量 `buttonsSpritesArray`，在后面的代码中将会用到它。

接着，在 LevelSelectionScene.m 文件中，添加如下代码：

```
#import "LevelSelectionScene.h"
#import "LevelSelectionBtn.h"
#import "GameplayScene.h"

@implementation LevelSelectionScene

+(CCScene*)scene{

    return[[self alloc]init];

}

-(id)init{

  if(self = [super init]){


     CGSize winSize = [[CCDirector sharedDirector]viewSize];

     //Add Background Image
     CCSprite* backgroundImage = [CCSprite spriteWithImageNamed:@
     "Bg.png"];
     backgroundImage.position = CGPointMake(winSize.width/2,
     winSize.height/2);
     [self addChild:backgroundImage];

     //add text heading for file

     CCLabelTTF *mainmenuLabel = [CCLabelTTF labelWithString:@
     "LevelSelectionScene" fontName:@"AmericanTypewriter-Bold"
fontSize:
     36.0f];
     mainmenuLabel.position = CGPointMake(winSize.width/2, winSize.
height
     * 0.8);
     [self addChild:mainmenuLabel];

     //initialize array
     buttonSpritesArray = [NSMutableArray array];

     int widthCount = 5;
     int heightCount = 5;
```

```
    float spacing = 35.0f;

    float halfWidth =
      winSize.width/2 - (widthCount-1) * spacing * 0.5f;
    float halfHeight =
      winSize.height/2 + (heightCount-1) * spacing * 0.5f;

    int levelNum = 1;

    for(int i = 0; i < heightCount; ++i){

      float y = halfHeight - i * spacing;

      for(int j = 0; j < widthCount; ++j){

        float x = halfWidth + j * spacing;

        LevelSelectionBtn* lvlBtn =
          [[LevelSelectionBtnalloc
          initWithFilename:@"btnBG.png"
          StartlevelNumber:levelNum];
        lvlBtn.position = CGPointMake(x,y);

        lvlBtn.name =
          [NSString stringWithFormat:@"%d",levelNum];

        [self addChild:lvlBtn];

        [buttonSpritesArray addObject: lvlBtn];

        levelNum++;

      }
    }
  }

  return self;
}
```

在上述代码中,我们先添加了背景图像、场景标题文本,并对NSMutableArray进行了初始化。

然后,我们创建了6个变量,如下所示(见图2-10)。

- `widthCount`：列数。
- `heightCount`：行数。
- `spacing`：精灵按钮之间的距离，防止它们重叠在一起。
- `halfWidth`：指从屏幕中心到第一个精灵按钮左上角的距离在 x 轴上的投影而得到的距离。
- `halfHeight`：指从屏幕中心到第一个精灵按钮左上角的距离在 y 轴上的投影而得到的距离。
- `lvlNum`：指显示在精灵按钮上表示难度级别的数字，默认值为 1，每次创建一个按钮，其值就会增加 1。

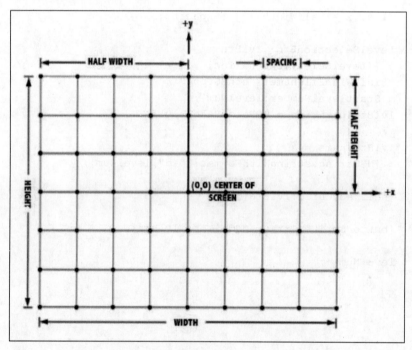

图 2-10

在双重循环中，我们将获取每个按钮精灵的 x 与 y 坐标。首先，为了获取 y 值，我们要用 halfHeight 减去 spacing 与循环变量 i 的乘积。由于 i 的初始值为 0，所以最顶行的 y 值为 halfHeigh。

随后，计算按钮位置的 x 值，计算时我们使用 halfWidth 加上 spacing 与 j 的乘积。每次 x 值都会被 spacing 增大。

在获取 x 与 y 值之后，创建一个新的 LevelSelectionBtn 精灵，传入 btnBG.png 图像，以及 lvlNum 值，生成按钮精灵。

然后，把之前计算得到的 x 与 y 值赋给按钮精灵的 position 属性。

为了通过数字引用按钮，我们先把 levelNum 转换为字符串，而后将其赋给按钮精灵的 name 属性，也就是说引用按钮的数字与其上显示的代表难度级别的数字是一致的。

接下来，把按钮添加到场景之中，同时按钮也会被添加到之前创建的全局按钮精灵数组之中，这是因为后面我们需要对这些图像进行循环。

最后，把 levelNum 值增加 1。

然而，目前我们还没有向精灵按钮添加任何交互行为，当添加交互行为后，每次按下按钮，就会加载相应难度级别的游戏场景。

为了添加触摸交互行为，我们将使用 Cocos2d 内置的 touchBegan 函数。在本书的后面章节中，我们将创建更复杂的游戏界面。而这里，我们只使用基本的 touchBegan 函数。

在同一个文件中，在 init 函数与 @end 之间添加如下代码：

```
-(void)touchBegan:(CCTouch *)touch withEvent:(CCTouchEvent *)event{
  CGPoint location = [touch locationInNode:self];

  for (CCSprite *sprite in buttonSpritesArray)
  {
    if (CGRectContainsPoint(sprite.boundingBox, location)){

      CCLOG(@" you have pressed: %@", sprite.name);

      CCTransition *transition =
        [CCTransition transitionCrossFadeWithDuration:0.20];

      [[CCDirector sharedDirector]replaceScene:[[GameplayScene
      alloc]initWithLevel:sprite.name] withTransition:transition];

      self.userInteractionEnabled = false;

    }
  }
}
```

每次当我们触碰屏幕时，touchBegan 函数都会被调用执行。

因此，当我们触碰屏幕时，应用程序就会获取触碰的位置，并将其保存到 location 变量中。

而后，使用 `for in` 循环遍历添加到 buttonSpritesArray 数组中的所有按钮精灵。

并且，调用 `RectContainsPoint` 函数，检测我们触碰的位置是否位于任一个按钮精灵的矩形框之内。

若是，则在控制台中输出相关信息，告知用户单击了哪个按钮，这样一来，我们就能知道是否加载了正确难度级别的场景。

接着，我们创建了一个淡入淡出过渡效果，并且从当前场景切换到 GameplayScene，并使用所单击的按钮精灵名称进行初始化。

最后，我们需要把 Boolean 型变量 `userInteractionEnabled` 设置为 `false`，禁止当前类监听用户的触屏行为。

当然，这需要我们在 init 函数开始的时候先把 `userInteractionEnabled` 设置为 `TRUE`，即在 init 函数中添加如下粗体代码。

```
if(self = [super init]){

    self.userInteractionEnabled = TRUE;

    CGSize winSize = [[CCDirector sharedDirector]viewSize];
```

2.8.3 工作原理

至此，我们已经编写好了 `LevelSelectionScene` 类。但是，我们还需要向 `MainScene` 添加一个按钮以便打开 `LevelSelectionScene`。

在 `MainScene` 的 init 函数中添加如下粗体代码。我们主要添加了 menuBtn 按钮，以及单击它时要调用的函数。

```
CCButton *playBtn =
 [CCButton buttonWithTitle:nil
 spriteFrame:[CCSpriteFrame frameWithImageNamed:@
"playBtn_normal.png"]

 highlightedSpriteFrame:[CCSpriteFrame frameWithImageNamed:@
"playBtn_pressed.png"]

 disabledSpriteFrame:nil];


[playBtn setTarget:self
 selector:@selector(playBtnPressed:)];
```

2.8 添加难度选择场景

```objc
CCButton *menuBtn = [CCButton buttonWithTitle:nil
  spriteFrame:[CCSpriteFrame
  frameWithImageNamed:@"menuBtn.png"]
  highlightedSpriteFrame:[CCSpriteFrame
  frameWithImageNamed:@"menuBtn.png"]
  disabledSpriteFrame:nil];

[menuBtn setTarget:self selector:@selector(menuBtnPressed:)];

CCLayoutBox * btnMenu;
btnMenu = [[CCLayoutBox alloc] init];
btnMenu.anchorPoint = ccp(0.5f, 0.5f);
btnMenu.position =
  CGPointMake(winSize.width/2, winSize.height * 0.5);

btnMenu.direction = CCLayoutBoxDirectionVertical;
btnMenu.spacing = 10.0f;

[btnMenu addChild:menuBtn];
[btnMenu addChild:playBtn];

[self addChild:btnMenu];
```

请不要忘记把 menuBtn.png 文件从本章的资源文件夹复制到项目中，否则会出现编译错误。

接下来，添加 menuBtnPressed 函数，一旦 menuBtn 按钮按下且被释放，它就会被调用执行，代码如下：

```objc
-(void)menuBtnPressed:(id)sender{
  CCLOG(@"menu button pressed");
  CCTransition *transition = [CCTransition transitionCrossFadeWith
  Duration:0.20];
  [[CCDirector sharedDirector]replaceScene:[[LevelSelectionScene
  alloc]init] withTransition:transition];
}
```

现在，MainScene 场景如图 2-11 所示。

单击 play 按钮之下的菜单按钮，你将看到如下 LevelSelectScreen 场景，里面罗列出了所有的难度级别，如图 2-12 所示。

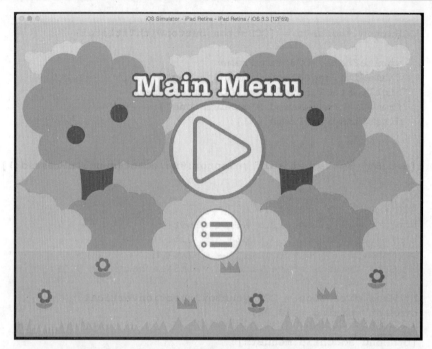

图 2-11

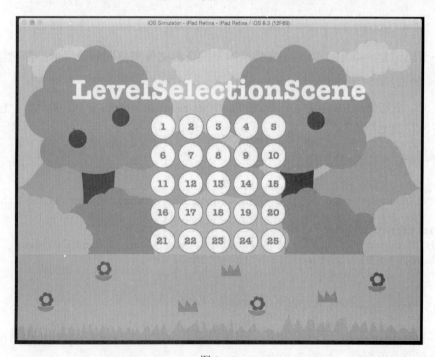

图 2-12

此时，单击任意一个按钮，即可切换到 GameplayScene 场景，并且把你所单击的代表难度级别的数字一同显示出来。

由于我单击了 18 号按钮，所以在切换到 GameplayScene 场景后，显示出的数字为 18，如图 2-13 所示。

图 2-13

2.9 滚动难度级别选择场景

假如你的游戏有多个难度级别，例如有 20 个等级，那么只用一个单独的难度级别选择场景来显示所有的级别选择按钮是可以的。但是，要是有更多等级呢？在本部分中，我们将修改前面编写的代码，创建一个节点，并进行初始化，从而产生一个可以滚动的难度级别选择场景。

2.9.1 准备工作

我们将创建一个新类，将其命名为 `LevelSelectionLayer`，它继承自 `CCNode` 类。然后，把我们在前面添加到 `LevelSelectionScene` 中的所有代码复制到其中。这样一来，我们就有了一个单独的类，在游戏中可以根据实际需要的次数对其进行多次实例化。

2.9.2 操作步骤

在 `LevelSelectionLayer.h` 文件中，修改代码如下：

```
#import "CCNode.h"

@interface LevelSelectionLayer : CCNode {

  NSMutableArray *buttonSpritesArray;
}

-(id)initLayerWith:(NSString *)filename
  StartlevelNumber:(int)lvlNum
  widthCount:(int)widthCount
  heightCount:(int)heightCount
  spacing:(float)spacing;

@end
```

在上述代码中，我们修改了 `init` 函数，替换掉了硬编码值，使得我们能够创建出一个更富弹性的游戏难度选择层。

在 `LevelSelectionLayer.m` 文件中，添加如下代码：

```
#import "LevelSelectionLayer.h"
#import "LevelSelectionBtn.h"
#import "GameplayScene.h"

@implementation LevelSelectionLayer

- (void)onEnter{
  [super onEnter];
  self.userInteractionEnabled = YES;
}

- (void)onExit{
  [super onExit];
  self.userInteractionEnabled = NO;
}

-(id)initLayerWith:(NSString *)filename StartlevelNumber:(int)lvlNum
widthCount:(int)widthCount heightCount:(int)heightCount spacing:
(float)spacing{
```

```objc
if(self = [super init]){
    
    CGSize winSize = [[CCDirector sharedDirector]viewSize];
    
    self.contentSize = winSize;
    
    buttonSpritesArray = [NSMutableArray array];
    
    float halfWidth = self.contentSize.width/2 - (widthCount-1) * spacing *
    0.5f;
    float halfHeight = self.contentSize.height/2 + (heightCount-1) * spacing
    * 0.5f;
    
    int levelNum = lvlNum;
    
    for(int i = 0; i < heightCount; ++i){
        
        float y = halfHeight - i * spacing;
        
        for(int j = 0; j < widthCount; ++j){
            
            float x = halfWidth + j * spacing;
            
            LevelSelectionBtn* lvlBtn = [[LevelSelectionBtn alloc]
            initWithFilename:filename StartlevelNumber:levelNum];
            lvlBtn.position = CGPointMake(x,y);
            
            lvlBtn.name = [NSString stringWithFormat:@"%d",levelNum];
            
            [self addChild:lvlBtn];
            
            [buttonSpritesArray addObject: lvlBtn];
            
            levelNum++;
        }
    }
}

return self;

}
```

```
-(void)touchBegan:(CCTouch *)touch withEvent:(CCTouchEvent *)event{

  CGPoint location = [touch locationInNode:self];

  CCLOG(@"location: %f, %f", location.x, location.y);
  CCLOG(@"touched");

  for (CCSprite *sprite in buttonSpritesArray)
  {
    if (CGRectContainsPoint(sprite.boundingBox, location)){

      CCLOG(@" you have pressed: %@", sprite.name);
      CCTransition *transition = [CCTransition transitionCross
      FadeWithDuration:0.20];
      [[CCDirector sharedDirector]replaceScene:[[GameplayScene
      alloc]initWithLevel:sprite.name] withTransition:transition];

    }
  }
}
@end
```

其中，粗体代码是主要的修改内容。首先，我们通过 `onEnter` 与 `onExit` 函数来启用、禁用触摸功能。另一个主要的改变是，我们把节点的 `contentsize` 值设置为 `winSize`。并且，在指定按钮的左上角坐标时，我们并没有使用 `winSize`，而使用了节点的 `contentsize` 值。

下面，让我们转到 `LevelSelectionScene` 类，在 `LevelSelectionScene.h` 文件中添加如下代码：

```
#import "CCScene.h"

@interface LevelSelectionScene : CCScene{

  int layerCount;
  CCNode *layerNode;
}

+(CCScene*)scene;

@end
```

如上所示，我们修改了头文件，在其中添加了两个全局变量。

- `layerCount` 变量保存你添加的所有层与节点。
- `layerNode` 变量是一个空节点,方便我们能把所有图层节点添加到它,这样就可以向后或向前移动它,而不用分别移动每个层节点。

接着,在 `LevelSelectionScene.m` 文件中,添加如下代码:

```
#import "LevelSelectionScene.h"
#import "LevelSelectionBtn.h"
#import "GameplayScene.h"
#import "LevelSelectionLayer.h"

@implementation LevelSelectionScene

+(CCScene*)scene{

  return[[self alloc]init];
}


-(id)init{

  if(self = [super init]){

    CGSize winSize = [[CCDirector sharedDirector]viewSize];

    layerCount = 1;

    //Basic CCSprite - Background Image
    CCSprite* backgroundImage = [CCSprite spriteWithImageNamed:
    @"Bg.png"];
    backgroundImage.position = CGPointMake(winSize.width/2,
    winSize.height/2);
    [self addChild:backgroundImage];

    CCLabelTTF *mainmenuLabel = [CCLabelTTF labelWithString:
    @"LevelSelectionScene" fontName:@"AmericanTypewriter-Bold"
fontSize:
    36.0f];
    mainmenuLabel.position = CGPointMake(winSize.width/2, winSize.
height
    * 0.8);
    [self addChild:mainmenuLabel];

    //empty node
```

```
layerNode = [[CCNode alloc]init];
[self addChild:layerNode];

int widthCount = 5;
int heightCount = 5;
float spacing = 35;

for(int i=0; i<3; i++){
  LevelSelectionLayer* lsLayer = [[LevelSelectionLayer
  alloc]initLayerWith:@"btnBG.png"
    StartlevelNumber:widthCount * heightCount * i + 1
    widthCount:widthCount
    heightCount:heightCount
    spacing:spacing];
  lsLayer.position = ccp(winSize.width * i, 0);
  [layerNode addChild:lsLayer];
}

CCButton *leftBtn = [CCButton buttonWithTitle:nil
  spriteFrame:[CCSpriteFrame frameWithImageNamed:@"left.png"]
  highlightedSpriteFrame:[CCSpriteFrame frameWithImageNamed:
  @"left.png"]
  disabledSpriteFrame:nil];

[leftBtn setTarget:self selector:@selector(leftBtnPressed:)];

CCButton *rightBtn = [CCButton buttonWithTitle:nil
  spriteFrame:[CCSpriteFrame frameWithImageNamed:@"right.png"]
  highlightedSpriteFrame:[CCSpriteFrame frameWithImageNamed:
  @"right.png"]
  disabledSpriteFrame:nil];

[rightBtn setTarget:self selector:@selector(rightBtnPressed:)];

CCLayoutBox * btnMenu;
btnMenu = [[CCLayoutBox alloc] init];
btnMenu.anchorPoint = ccp(0.5f, 0.5f);
btnMenu.position = CGPointMake(winSize.width * 0.5, winSize.height *

0.2);


btnMenu.direction = CCLayoutBoxDirectionHorizontal;
btnMenu.spacing = 300.0f;
```

```
    [btnMenu addChild:leftBtn];
    [btnMenu addChild:rightBtn];

    [self addChild:btnMenu z:4];

  }

  return self;
}

-(void)rightBtnPressed:(id)sender{

  CCLOG(@"right button pressed");
  CGSize winSize = [[CCDirector sharedDirector]viewSize];

  if(layerCount >=0){

    CCAction* moveBy = [CCActionMoveBy actionWithDuration:0.20
      position:ccp(-winSize.width, 0)];
    [layerNode runAction:moveBy];
    layerCount--;
  }
}

-(void)leftBtnPressed:(id)sender{

  CCLOG(@"left button pressed");
  CGSize winSize = [[CCDirector sharedDirector]viewSize];

  if(layerCount <=0){
    CCAction* moveBy = [CCActionMoveBy actionWithDuration:0.20
      position:ccp(winSize.width, 0)];
    [layerNode runAction:moveBy];
    layerCount++;
  }
}

@end
```

2.9.3 工作原理

在上述代码中，重要的代码都已经使用粗体标识出来。除了添加通用的背景与文本以外，我们还把 `layerCount` 初始化为 1，并且也对空节点 `layerNode` 进行了初始化。

接着，我们创建了一个 for 循环，在其中，通过传递 btnBg 图像中每个选择层的初值、宽度值、高度值与按钮间的 spacing 值，我们添加了 3 个难度级别选择层。

并且，请注意这些层是如何以屏幕宽度单位进行定位的。第一个层对玩家是可见的。其他连续层被添加到屏幕之外，这与创建视差效果时添加第二张脱屏图像所采用的方式一样。

然后，把每个级别选择层添加到 layerNode 之中。

此外，我们还创建了左移与右移按钮，每次单击它们，都能把 layerNode 向左或向右移动。相应地，我们创建了 leftBtnPressed 和 rightBtnPressed 两个函数，当按下左移按钮或右移按钮时，它们就会被调用执行。

首先，让我们一起看一下 rightBtnPressed 函数。一旦按下右移按钮，rightBtnPressed 函数就会被调用执行，先向控制台输出相应信息，而后获取窗口大小，接着检查 layerCount 值是否大于 0，由于前面我们把 layerCount 设置为 1，所以判断结果为真，创建 moveBy 动作，指定沿 x 轴负方向移动窗口宽度大小，沿 y 轴方向移动为 0，因为我们只想让移动沿着 x 轴进行，而沿 y 轴方向不做移动。最后，设置移动动作的持续时间为 0.20f。

然后，layerNode 执行 **moveBy** 动作，并且把 layerCount 值减 1。

而在 leftBtnPressed 函数中，会把层向相反方向，即往左移动。运行游戏，观察 LevelSelectionScene 中的变化，如图 2-14 所示。

图 2-14

由于不能往左移，所以按左移按钮不会有任何作用。然而，如果按右移按钮，你将会看到场景层发生滚动，显示出下一部分按钮，如图 2-15 所示。

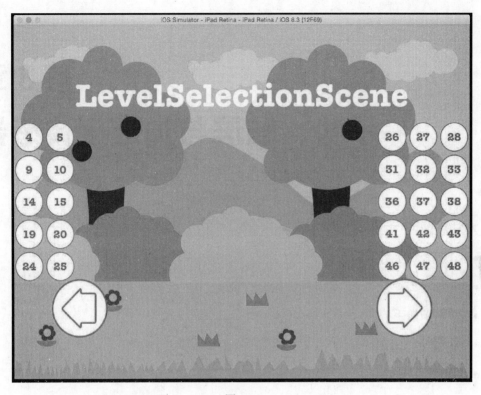

图 2-15

第 3 章
手势、触屏与加速度传感器

本章涵盖如下主题：

- 理解轻扫手势
- 实现轻击手势
- 添加长按手势
- 添加捏合/缩放控制
- 添加旋转手势
- 添加拖动手势
- 添加触摸动作
- 使用 touchBegan 创建对象
- 使用 touchMoved 移动对象
- 在精灵类中定制触屏动作
- 添加加速度传感器
- 添加方向键

3.1 内容简介

手势与触屏是智能手机上用来与应用进行交互的主要方式。手势主要有轻扫、轻击、Hold、捏合/缩放、旋转、拖动。这些手势被大量使用在应用程序中，也被广泛应用在各种游戏中。

除了手势之外，还有触屏动作，它们可以用来实现各种自定义触摸交互。触摸函数会记录每根手指的位置，帮助你记录每根手指并监视手指的运动。触摸函数通过感知每根手指触屏的时间、屏幕上的移动，以及停止触屏等行为对手指进行记录跟踪。事实上，你可以使用这些函数创建自己的手势。

3.2 理解轻扫手势

轻扫手势是指用户手指按住屏幕，沿某个方向拖动并离开屏幕的一组行为。iOS 与 Cocos2d 中内置了多个函数，开发者可以使用它们来检测各种手势。

3.2.1 准备工作

开始之前，我们最好先创建一个项目，并对项目做一定的修改，使之能够加载 MainScene 类，并可以通过前缀名而非文件夹名选择图像。由于在前面章节中我们已经创建好了项目，这里不再重复赘述。若遇到问题，请参考前面章节中的相关内容，切换掌握创建方法，我们会为书中的每一章至少创建一个新项目。

MainScene.m 文件含有如下代码：

```
#import "MainScene.h"

@implementation MainScene

+(CCScene*)scene{

  return[[self alloc]init];
}


- (void)onEnter{
 [superonEnter];
 self.userInteractionEnabled = YES;

}

- (void)onExit{
 [superonExit];
 self.userInteractionEnabled = NO;
```

```
}

-(id)init{

    if(self = [super init]){

    CGSizewinSize = [[CCDirectorsharedDirector]viewSize];
    CGPoint center = CGPointMake(winSize.width/2, winSize.height/2);

    self.contentSize = winSize;

    }

    return self;
}

@end
```

在上述代码中，我们在 MainScene.m 文件中添加了 onEnter 与 onExit 两个函数，这是因为我们需要与这个层进行交互。一旦 MainScene 类被初始化，就需要启用用户交互，而当不再需要 MainScene 类时，我们最好禁用用户交互。

3.2.2 操作步骤

我们可以朝 4 个方向（上、左、右、下）做轻扫手势，每个方向上的轻扫手势都有一个对应的手势识别器，也就是说我们必须为每个方向上的轻扫手势创建一个识别器。并且，还需要为每个识别器提供一个函数，当手势被识别出来之后，程序就会执行它，做某个动作。

就轻扫手势而言，UISwipeGestureRecognizer 用来识别轻扫手势。我们将使用应用程序代码检测特定方向（上、下、左、右）上的手势，并提供相应函数对手势做出响应。

在 MainScene 类的 init 函数中，添加如下代码：

```
UISwipeGestureRecognizer* swipeUpGestureRecognizer =
[[UISwipeGestureRecognizeralloc] initWithTarget:self
action:@selector(handleSwipeUpFrom:)];
```

```
swipeUpGestureRecognizer.direction =
UISwipeGestureRecognizerDirectionUp;

[[UIApplicationsharedApplication].delegate.
windowaddGestureRecognizer:sw
ipeUpGestureRecognizer];
```

在上述代码中，我们创建了一个 `UISwipeGestureRecognizer` 类型的轻扫手势识别器，将其命名为 `swipeUpGestureRecognizer`，并对其进行初始化，把响应该手势的函数传递给它。

接着，我们把手势识别器的方向设置为 `UISwipeGestureRecognizerDirectionUp`，使之识别向上轻扫的手势。

然后，我们把轻扫手势识别器添加到当前代理。

由于创建手势识别器时我们传入了手势处理函数的名称，所以还需要在 `MainScene` 类中编写手势响应函数的代码，如下：

```
- (void)handleSwipeUpFrom:(UIGestureRecognizer*)recognizer {
    NSLog(@"Swipe Up");
}
```

手势响应函数非常简单，即当识别出向上的轻扫手势后，仅在控制台输出指定的文本信息。

3.2.3　工作原理

现在，我们将运行应用程序。如果在一个真实设备上运行它，你就可以用手指按住屏幕上，并向上拖动，然后离开屏幕。或者，你也可以在模拟器上按下鼠标左键，并向上拖动，而后释放鼠标左键来产生一样的效果。

如果手势被正确识别出来，你将在控制台中看到输出的文本信息，如图3-1所示。

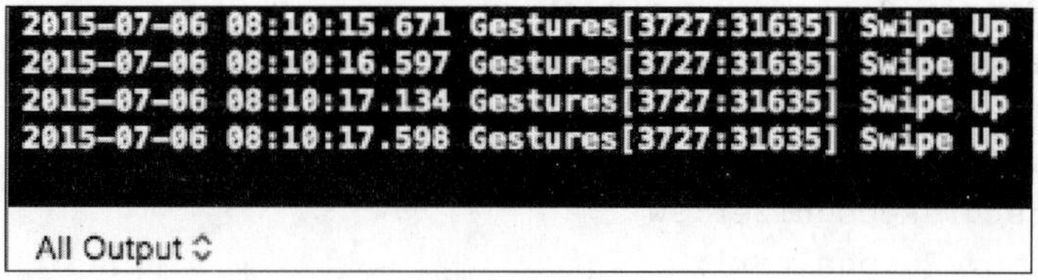

图 3-1

3.2.4 更多内容

类似地，我们也可以为其他 3 个方向的轻扫手势创建识别器，并编写相应函数，用来在这些手势被识别出来之后调用执行。

下面代码用来为其他 3 个方向的轻扫手势创建识别器，并指定相应的响应函数。

```
//swipe down
UISwipeGestureRecognizer* swipeDownGestureRecognizer =
[[UISwipeGestureRecognizeralloc] initWithTarget:self
action:@selector(handleSwipeDownFrom:)];

swipeDownGestureRecognizer.direction =
UISwipeGestureRecognizerDirectionDown;

[[UIApplicationsharedApplication].delegate.
windowaddGestureRecognizer:sw
ipeDownGestureRecognizer];

//swipe left
UISwipeGestureRecognizer* swipeLeftGestureRecognizer =
[[UISwipeGestureRecognizeralloc] initWithTarget:self
action:@selector(handleSwipeLeftFrom:)];

swipeLeftGestureRecognizer.direction =
UISwipeGestureRecognizerDirectionLeft;

[[UIApplicationsharedApplication].delegate.
windowaddGestureRecognizer:sw
ipeLeftGestureRecognizer];

//swipe Right
UISwipeGestureRecognizer* swipeRightGestureRecognizer =
[[UISwipeGestureRecognizeralloc] initWithTarget:self
action:@selector(handleSwipeRightFrom:)];
swipeRightGestureRecognizer.direction =
UISwipeGestureRecognizerDirectionRight;

[[UIApplicationsharedApplication].delegate.
windowaddGestureRecognizer:sw
ipeRightGestureRecognizer];
```

并且，各个方向上的轻扫手势响应函数的代码如下：

```
- (void)handleSwipeDownFrom:(UIGestureRecognizer*)recognizer {

    NSLog(@"Swipe Down");
}


- (void)handleSwipeLeftFrom:(UIGestureRecognizer*)recognizer {

    NSLog(@"Swipe Left");
}

- (void)handleSwipeRightFrom:(UIGestureRecognizer*)recognizer {

    NSLog(@"Swipe Right");
}
```

3.3 实现轻击手势

轻击手势就是手指快速触碰屏幕后离开，它也对应着一个单独的手势识别器。

3.3.1 准备工作

该阶段无需做额外的准备工作。

3.3.2 操作步骤

类似于创建轻扫手势识别器，首先我们要创建轻击手势识别器，并指派一个响应函数，当识别出轻击手势时，它就是被调用执行。向 MainScene 类中添加如下代码：

```
UITapGestureRecognizer* tapGestureRecognizer =
[[UITapGestureRecognizeralloc] initWithTarget:self
action:@selector(handleTap:)];
[[UIApplicationsharedApplication].delegate.
windowaddGestureRecognizer:ta
pGestureRecognizer];
```

上面代码中，我们先创建了一个 UITapGestureRecognizer 类型的变量，为其分配内存，并使用响应函数进行初始化，把代理设置为 self。

然后，添加如下函数，当识别出轻击手势时，就会调用它。

```
- (void)handleTap:(UIGestureRecognizer*)recognizer {
    NSLog(@"TAP");
}
```

至此，你编写的类已经能够识别出轻击手势，并做出相应的响应动作。

3.3.3 工作原理

当在真实的物理设备上运行代码并轻击屏幕，或者在模拟器环境下单击鼠标左键，你就能在控制台中看到指定的输出信息，如图 3-2 所示。

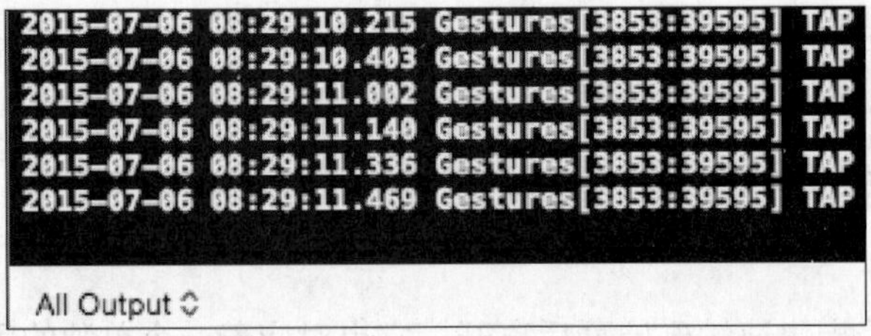

图 3-2

3.4 添加长按手势

长按或按住不放是常见的手势之一，它是指手指触碰屏幕并保持几秒不动，而非立即离开屏幕。添加长按手势的代码与前面类似，只是我们需要创建的是长按手势识别器，而非其他手势识别器。当然，你也需要提供长按的时间，只有当按屏时间超过设定的时间，系统才会将其识别为长按手势。

3.4.1 准备工作

该阶段无需做额外的准备工作。但是，你可能想测试一下设置多长按屏时间，能让用户操作起来觉得最方便。

3.4.2 操作步骤

首先，在 init 函数中添加如下代码，用以创建并初始化长按手势识别器。在代码中，我们把最短长按时间设置为 25 毫秒，这意味着只有当手指按住屏幕超过 25 毫秒，才会被视作长按手势，否则会被视作轻击手势。

```
// ** UILongPress ** //

UILongPressGestureRecognizer* longTapRecognizer =
[[UILongPressGestureRecognizeralloc] initWithTarget:self
action:@selector(handleLongPressFrom:)];

longTapRecognizer.minimumPressDuration = 0.25; // seconds

[[UIApplicationsharedApplication].delegate.
windowaddGestureRecognizer:lo
ngTapRecognizer];
```

与之前一样，我们也需要为长按手势编写相应的响应函数，添加如下代码：

```
-(void)handleLongPressFrom:
(UILongPressGestureRecognizer*)recognizer {
  if(recognizer.state == UIGestureRecognizerStateEnded){
    CCLOG(@"PRESS HOLD");
  }
}
```

手势识别器拥有如下 3 种主要状态：

- Began（开始）
- Moved（移动）
- Ended（结束）

当手指接触屏幕时，识别器处于 Began 状态。当手指接触屏幕并在屏幕上移动手指时，识别器的状态被设置为 Moved。一旦手指离开屏幕，识别器的状态将变为 Ended。

在上述函数中，当用户手指离开屏幕后，我们将在控制台中输出指定信息。

3.4.3 工作原理

运行应用程序，手指接触并按住屏幕一会儿，然后离开屏幕，你将能够在控制台中看到如图 3-3 所示的输出信息。

```
2015-07-06 08:46:37.230 Gestures[3880:44986] PRESS HOLD
2015-07-06 08:46:38.829 Gestures[3880:44986] PRESS HOLD
2015-07-06 08:46:40.303 Gestures[3880:44986] PRESS HOLD
2015-07-06 08:46:41.095 Gestures[3880:44986] TAP
2015-07-06 08:46:42.498 Gestures[3880:44986] PRESS HOLD
2015-07-06 08:46:43.963 Gestures[3880:44986] PRESS HOLD
All Output
```

图 3-3

为了查看轻击屏幕时的控制台输出，我有意做了轻击手势，在控制台输出中，你可以看到输出的"TAP"。除此之外，其他都是长按手势，在控制台中可以看到相应的输出信息。

3.5 添加捏合/缩放控制

捏合/缩放是一种双指手势，它指双指放置于屏幕上，拖动靠近以缩小图像尺寸，也可以双指拖动彼此远离，此时将放大图像。

3.5.1 准备工作

为了演示捏合手势，我们需要事先准备一张图像。为此，我们把第 1 章中的 Bg 图像导入到项目中。把图像精灵变量创建为全局变量，我们将在另外一个函数中访问它。

在 MainScene.h 文件中，添加一个 CCSprite 类型的实例，代码为：CCSprite* backgroundImage;。

此外，我们还需要添加一个 float 类型的变量 currentScale，用来存储背景图像当前的缩放值。

然后，在 init 函数中，添加 backgroundImage 初始化代码，如下：

```
backgroundImage = [CCSpritespriteWithImageNamed:@"Bg.png"];
backgroundImage.position = CGPointMake(winSize.width/2,
winSize.height/2);
[selfaddChild:backgroundImage];
```

3.5.2 操作步骤

在 init 函数中，添加捏合/缩放手势识别器，并设置响应函数为 handlePinchGesture，当捏合或缩放图像时，将调用它。

```
// ** PinchZoom ** //
UIPinchGestureRecognizer* pinchRecognizer = 
[[UIPinchGestureRecognizeralloc] initWithTarget:self
```

```
action:@selector(handlePinchGesture:)];

[[UIApplicationsharedApplication].delegate.
windowaddGestureRecognizer:pi
nchRecognizer];
```

然后，添加并编写 handlePinchGesture 函数，代码如下：

```
-(void)handlePinchGesture:(UIPinchGestureRecognizer*)recognizer{

  NSLog(@"pinch zoom");
  backgroundImage.scale = recognizer.scale;

}
```

上面代码中，我们从手势识别器获取 scale 值，并将其指派给图像。

3.5.3 工作原理

如果在一个真实的设备上运行代码，你可以把两根手指放到屏幕上，并且拖动它们，让它们彼此靠近或远离，此时你会看到图像会随着手指手势进行缩放或放大。如果在模拟器中运行代码，你可以按住 Alt 键，并在屏幕上拖动鼠标以产生相同的效果，如图 3-4 所示。

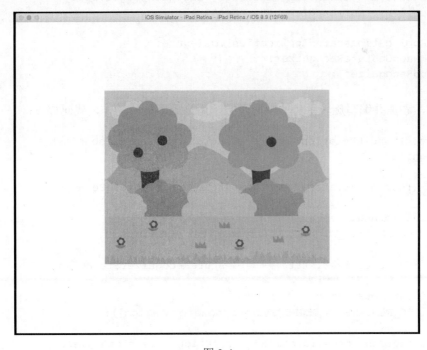

图 3-4

3.6 添加旋转手势

旋转手势也是一种双指手势，做旋转手势时，其中一根手指按在屏幕上静止不动，另一根手指绕着它在屏幕上沿顺时针或逆时针方向滑动，使图像沿手指滑动的方向进行旋转。

3.6.1 准备工作

我们将使用同一张背景图像演示旋转手势。创建一个全局 float 类型的变量，命名为 lastRotAngle，用来记录前一个旋转角度，后面会使用该变量。

3.6.2 操作步骤

与之前一样，我们先创建旋转手势，对它进行初始化，并提供响应函数用来更新图像。在 init 函数中，添加如下代码：

```
// ** rotation ** //
UIRotationGestureRecognizer* rotationRecognizer =
  [[UIRotationGestureRecognizeralloc] initWithTarget:self
action:@selector(handleRotationGesture:)];

[[UIApplicationsharedApplication].delegate.
windowaddGestureRecognizer:rotationRecognizer];
```

然后，添加并编写旋转手势的响应函数，用来处理旋转动作，代码如下：

```
- (void)handleRotationGesture:(UIRotationGestureRecognizer *)
recognizer{

  if (recognizer.state == UIGestureRecognizerStateBegan){

    lastRotAngle =
      CC_RADIANS_TO_DEGREES([recognizer rotation]);
  }
  else if (recognizer.state == UIGestureRecognizerStateChanged)
  {
    float rotation =
      CC_RADIANS_TO_DEGREES([recognizer rotation]);

    backgroundImage.rotation += rotation - lastRotAngle;
    lastRotAngle = rotation;
```

```
    }
}
```

为了防止旋转中出现跳动（Jerky Motion）现象，一旦触屏开始，我们就要获取当前旋转值，并且将其赋给 `lastRotAngle` 变量。请注意，赋值之前，需要先把获取的旋转角由弧度转换为角度。

从旋转手势识别器获取的旋转角是弧度形式，需要把它转换为角度形式，这是因为指定对象的 rotation 时需要使用角度值。

在上述代码中，当识别器的状态发生改变时，我们会获取当前的旋转角度，把它存储到一个本地 `float` 型的变量中，变量名为 `rotation`。

最后，我们设置图像的 `rotation` 值,先将其加上 `rotation` 值,再减去 `lastRotAngle` 值。接着，我们把 `rotation` 赋给 `lastRotAngle` 变量。

3.6.3　工作原理

运行代码，在屏幕上做旋转手势，图像将跟着进行旋转。或者，在模拟器中，按住 Alt 键，同时按下鼠标左键做圆周运动来旋转图像，如图 3-5 所示。

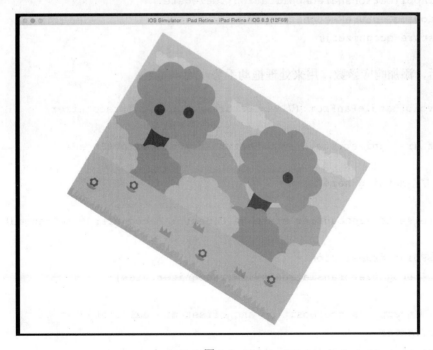

图 3-5

3.7 添加拖动手势（Pan Gesture）

我们先把两根手指同时置于屏幕之上，而后移动它们以相同距离，注意其中一根手指不要做旋转动作，便可实现对图像进行拖动。

3.7.1 准备工作

不需要做任何额外准备工作。

3.7.2 操作步骤

在 init 函数中，为拖动手势创建识别器，并指定手势的响应函数，代码如下：

```
// ** Pan ** //
UIPanGestureRecognizer *panGestureRecognizer =
[[UIPanGestureRecognizeralloc] initWithTarget:self
action:@selector(handlePanFrom:)] ;
[[UIApplicationsharedApplication].delegate.
windowaddGestureRecognizer:pa
nGestureRecognizer];
```

然后，添加响应函数，用来处理拖动手势，代码如下：

```
- (void)handlePanFrom:(UIPanGestureRecognizer *)recognizer {

  if (recognizer.state == UIGestureRecognizerStateBegan) {

    // nothing here

  } else if (recognizer.state == UIGestureRecognizerStateChanged) {

    CGPoint translation =
      [recognizertranslationInView:recognizer.view];

    // Invert Y since position and offset are calculated in gl coordinates
    translation = ccp(translation.x, -translation.y);
```

```
backgroundImage.position =
  ccp(backgroundImage.position.x + translation.x,
  backgroundImage.position.y + translation.y);

// Refresh pan gesture recognizer
[recognizersetTranslation:CGPointZeroinView:recognizer.view];

} else if (recognizer.state == UIGestureRecognizerStateEnded) {

  // nothing here
}
}
```

在上述代码中,我们只添加了 stateChanged 条件下的代码。首先获取识别到的 translation,运动要沿着 x 与 y 轴两个方向进行计算。由于我们需要 gl 坐标系中的值,所以必须把 y 值修改为负值。

在 Cocos2d 中,坐标原点位于左下角,但是在 OpenGL 中,坐标原点位于左上角。因此,当获取坐标值之后,需要把 y 值进行翻转,即把 y 值修改为负值,以得到正确的 y 值。

然后,设置背景图像的位置,在原来位置的基础上加上 translation 坐标,这样一来,当 translation 值发生改变时,图像就会被重新定位到新改变的位置上。

最后,我们还要刷新 translation 值,将其设置为 recognizer.view,以便计算新的 pan 矢量的角度。

3.7.3 工作原理

做拖动手势时,要先把两根手指放置到屏幕上,再同时向任意方向移动它们,观察对图像的拖动效果,如图 3-6 所示。

在模拟器中,同时按住键盘上的 Alt 与 Shift 键,按下鼠标左键并拖动,即可获得一样的拖动效果。

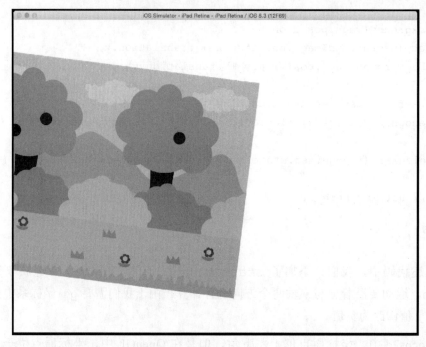

图 3-6

3.8 添加触屏动作

触屏函数不同于手势函数，手势函数编写出来用于识别特定手势。如果识别出某个特定手势，与该手势相对应的函数就会被调用执行。

另一方面，触屏动作更加开放。你可以使用 `touchesBegan`、`touchesMoved`、`touchesEnded` 函数编写自己的手势代码。

3.8.1 准备工作

为了测试我们的触屏动作，先把所有 hero 图像从第 2 章的资源文件夹中导入到项目中，接下来的演示中会使用它们。此外，由于我们不再需要手势函数及相关代码，要么删除这些代码，要么把它们注释掉，以免它们对我们编写的触屏函数产生干扰。

3.8.2 操作步骤

为了识别出触屏动作，我们在 `MainScene` 类中添加 3 个函数，代码如下：

```
- (void)touchBegan:(CCTouch *)touch withEvent:(CCTouchEvent *)event
{
    CCLOG(@"TOUCHES BEGAN");
}

- (void)touchMoved:(CCTouch *)touch withEvent:(CCTouchEvent *)event
{
    CCLOG(@"TOUCHES MOVED");
}

- (void)touchEnded:(CCTouch *)touch withEvent:(CCTouchEvent *)event{
    CCLOG(@"TOUCHES ENDED");
}
```

3.8.3 工作原理

由于用户交互功能处于已启用状态，当你运行应用程序，并触摸屏幕时，`touchBegan`函数就会被调用执行，在控制台中，你将会看到显示出的"TOUCHES BEGAN"信息。

当手指按在屏幕上，并且到处移动它时，每次在屏幕上移动手指都会调用`touchMoved`函数，此时在控制台中将会看到"TOUCHES MOVED"信息。

最后，当手指离开屏幕时，此时`touchEnded`函数就会被调用，在控制台中你将会看到输出的"TOUCHES ENDED"信息，如图3-7所示。

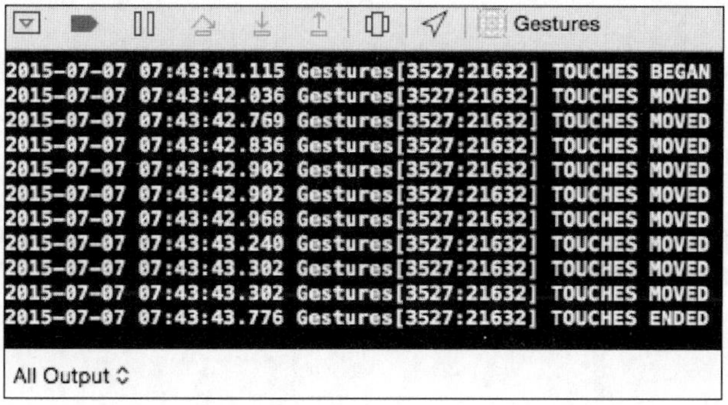

图 3-7

3.9 使用 touchBegan 创建对象

每次手指触摸屏幕，无论哪里，都在触摸位置添加一个 hero 精灵的实例。

3.9.1 准备工作

如果你已经把 hero 图像导入到项目中，那请继续往下做。

3.9.2 操作步骤

在 touchBegan 函数中，添加如下代码：

```
- (void)touchBegan:(CCTouch *)touch withEvent:(CCTouchEvent *)event
{
    CCLOG(@"TOUCHES BEGAN");

    CGPointtouchLocation = [touch locationInNode:self];

    CCSprite* hero =
        [CCSpritespritewithImageNamed:@"hero.png"];
    [selfaddChild:hero];
    hero.position = touchLocation;
}
```

3.9.3 工作原理

在上述代码中，我们先使用 locationInNode 函数获取触屏位置，并传入当前类，即获取手指在当前场景中的触摸位置。而后，像往常一样，我们创建一个名为 hero 的 CCSprite 实例，并传入图像名称。接着，将 hero 添加到当前类中。

最后，我们把触屏位置指派给 hero 的 position，即把 hero 对象放置到触屏位置上，如图 3-8 所示。

图 3-8

3.9.4 更多内容

让我们创建火箭弹,当用户触摸屏幕右侧时,一枚火箭弹将被创建出来,并且当它离开屏幕时,将它删除。首先,从 touchBegan 函数中删除用于创建 hero 的代码。

创建 Rocket 类,在接口文件(Rocket.h)中添加如下代码:

```
#import "CCSprite.h"

@interface Rocket :CCSprite{

  CGSize _winSize;
  float _speed;
}


-(id)initWithFilename:(NSString *)filename Speed:(float)speed Position:(CGPoint)position;
-(void)update:(CCTime)delta;

@end
```

创建火箭弹时,我们要提供速度与位置参数,它们分别用来设定火箭弹的飞行速度,以及火箭弹的初始位置。

然后,在实现文件(Rocket.m)中,添加如下代码:

```
#import "Rocket.h"

@implementation Rocket

-(id)initWithFilename:(NSString *)filename Speed:(float)speed Position:(CGPoint)position{

if(self = [super initWithImageNamed:filename]){

  _winSize = [[CCDirectorsharedDirector]viewSize];

  _speed = speed;
  self.position = position;

  NSLog(@"[parallaxSprite] (init) ");

}
return self;
}


-(void)update:(CCTime)delta{

  self.position = ccpAdd(self.position, ccp(_speed,0));
}

@end
```

在 MainScene.m 文件中,导入刚创建的 Rocket 类的头文件,修改 touchBegan 函数,如下:

```
- (void)touchBegan:(CCTouch *)touch withEvent:(CCTouchEvent *)event
{
  CCLOG(@"TOUCHES BEGAN");

  CGPointtouchLocation = [touch locationInNode:self];
```

```
if(touchLocation.x>winSize.width/2){

    Rocket* rocket = [[Rocket alloc]initWithFilename:@"rocket.png"
    Speed:10.0fPosition:touchLocation];
    [selfaddChild:rocket];

}

}
```

此时,单击屏幕右侧,一枚火箭弹就在单击位置上被创建出来,并且开始向屏幕右侧移动。

3.10 使用 touchMoved 移动对象

一旦对象在 touchBegan 函数中被创建出来,接下来我们要做的就是移动它。

3.10.1 准备工作

在 MainScene.h 文件中创建一个全局的 hero 精灵变量。添加一个精灵实例,代码如下:

```
@interface MainScene :CCNode{

CCSprite* hero;
```

3.10.2 操作步骤

在 MainScene.m 文件中,修改 touchBegan 与 touchMoved 函数,如下:

```
- (void)touchBegan:(CCTouch *)touch withEvent:(CCTouchEvent *)event
{

    CCLOG(@"TOUCHES BEGAN");

    CGPointtouchLocation = [touch locationInNode:self];
    hero = [CCSpritespriteWithImageNamed:@"hero.png"];
    [selfaddChild:hero];
    hero.position = touchLocation;
```

}

- (void)touchMoved:(CCTouch *)touch withEvent:(CCTouchEvent *)event
{

   CCLOG(@"TOUCHES MOVED");

   CGPointtouchLocation = [touch locationInNode:self];
   hero.position = touchLocation;
}

3.10.3 工作原理

当touchBegan函数被调用时，一个新的实例被创建出来，此时若手指仍然按在屏幕上，就不会再有新的对象创建出来。当在屏幕上移动手指，新创建的对象也会随着移动。

不足之处在于，当手指离开屏幕，并再次按在屏幕上时，将创建出另外一个新对象，并失去对前一个对象的引用，此时移动手指，新对象将跟着手指移动，而前一个对象将无法再进行移动。

3.11 在精灵类中自定义触屏动作

在本部分，我们将创建一个自定义触摸精灵类，向各位演示触摸函数也能添加到单独的类中，而非只用在场景节点中。这样一来，我们就可以移动之前添加到场景中的对象了。

3.11.1 准备工作

由于我们要创建一个自定义类，所以先创建一个新类，命名为SSCustomSprite。

3.11.2 操作步骤

首先，在头文件中创建如下代码：

```
#import "CCSprite.h"
#import "cocos2d.h"

@interface SSCustomSprite :CCSprite

@end
```

然后，在实现文件中，添加如下代码：

```
#import "SSCustomSprite.h"

@implementation SSCustomSprite

- (void)onEnter {

    [superonEnter];
    self.userInteractionEnabled = true;
}

- (void)onExit {

    [superonExit];
    self.userInteractionEnabled = false;
}

- (void)touchBegan:(CCTouch *)touch withEvent:(CCTouchEvent *)event{

}
- (void)touchMoved:(CCTouch *)touch withEvent:(CCTouchEvent *)event{

    CGPointtouchLocation = [touch locationInNode:self.parent];
    self.position = touchLocation;
}

@end
```

上面代码中，我们向类中添加了 `onEnter` 与 `onExit` 两个函数，用来启用或关闭用户交互功能。

此外，我们还添加了 `touchBegan` 与 `touchMoved` 两个函数。其中，`touchBegan` 函数中没有任何代码，它什么也不做，而在 `touchMoved` 函数中，我们从其 parent 获取触屏位置，并将其赋给对象自身。由于我们创建了一个 CCSprite 类的子类，所以我们想从包含该类实例的类获取触屏位置，在此情形之下，我们调用了父类的触屏位置，而非当前类。

3.11.3　工作原理

现在，让我们回到 MainScene.h 文件，导入之前创建的自定义精灵类，修改 hero 类名为我们的自定义精灵类，用以取代 CCSprite 类。

```
#import <CoreMotion/CoreMotion.h>
#import "SSCustomSprite.h"

@interface MainScene :CCNode{

SSCustomSprite *hero;
```

在实现文件中，修改 touchBegan 与 touchMoved 函数，如下：

```
- (void)touchBegan:(CCTouch *)touch withEvent:(CCTouchEvent *)event
{

  CCLOG(@"TOUCHES BEGAN");

  CGPointtouchLocation = [touch locationInNode:self];
  hero = [SSCustomSpritespriteWithImageNamed:@"hero.png"];
  [selfaddChild:hero];
  hero.position = touchLocation;
}

- (void)touchMoved:(CCTouch *)touch withEvent:(CCTouchEvent *)event
{

  CCLOG(@"TOUCHES MOVED");

  CGPointtouchLocation = [touch locationInNode:self];
  hero.position = touchLocation;
}

- (void)touchEnded:(CCTouch *)touch withEvent:(CCTouchEvent *)event{

  CCLOG(@"TOUCHES ENDED");

  hero = nil;
}
- (void)touchCancelled:(CCTouch *)touch withEvent:(CCTouchEvent *)event{

  hero = nil;
}
```

此时，如果你单击场景中已有的任何对象，并拖动它，相应对象就会随着你的手指一起移动。

3.12 添加加速度传感器

在本部分，我们将讨论如何使用设备中的加速度传感器移动屏幕上的对象。

3.12.1 准备工作

注释掉或删除之前添加的触摸函数，以防止它们干扰后面代码。在头文件中，创建名为 `accHero` 的新精灵，其运动由 motion manager 控制，所以我们还要新建一个 `CMMotionManager` 的实例。

为了添加加速度传感器，我们需要导入 CoreMotion 头文件，用来获取加速度传感器产生的运动数值。

```
#import <CoreMotion/CoreMotion.h>
#import "SSCustomSprite.h"

@interface MainScene :CCNode{


    CCSprite* accHero;
    CMMotionManager *_motionManager;
```

3.12.2 操作步骤

在 `MainScene.m` 文件中，修改 `onEnter` 与 `onExit` 函数，如下：

```
- (void)onEnter
{
    [superonEnter];
self.userInteractionEnabled = YES;
[_motionManagerstartAccelerometerUpdates];
}

- (void)onExit
{
    [superonExit];
self.userInteractionEnabled = NO;
[_motionManagerstopAccelerometerUpdates];
}
```

第 3 章 手势、触屏与加速度传感器

至于触摸动作，我们分别在 onEnter 与 onExit 函数中启用、禁用它们。类似地，在每个使用加速度传感器的类中，也必须启用或禁用加速度传感器更新。

在 init 函数中，我们将初始化精灵与运动管理器，代码如下：

```
//accelerometer
accHero = [SSCustomSpritespriteWithImageNamed:@"hero.png"];
accHero.position = ccp(self.contentSize.width/2,
  self.contentSize.height/2);
[selfaddChild:accHero];

_motionManager = [[CMMotionManageralloc] init];
```

然后，在 update 函数中我们必须更新 hero 精灵的位置，代码如下：

```
// update function
- (void)update:(CCTime)delta {
  CMAccelerometerData *accelerometerData =
    _motionManager.accelerometerData;

  CMAcceleration acceleration = accelerometerData.acceleration;
  CGFloatnewXPosition =
    accHero.position.x + acceleration.y * 1000 * delta;

  newXPosition = clampf(newXPosition, 0, self.contentSize.width);

  accHero.position =
    CGPointMake(newXPosition, accHero.position.y);
}
```

3.12.3　工作原理

现在，运行应用程序，通过倾斜设备向前或向后移动角色。

触摸动作有自己的函数，当触摸开始、位置改变或停止时，这些函数就会被触发调用。与此不同，加速度传感器没有自己的函数。但是，运动管理器拥有加速度传感器每次更新的数据，因此，我们总是要使用 update 函数从运动管理器获取传感器的数据值。

不幸的是，你必须在一个真实的设备上运行示例代码，检查代码是否能够正常工作，模拟器将无法对此进行模拟。

3.13 添加方向键面板

方向键面板主要用于 RPGs 游戏中,在这类游戏中,需要玩家做 360 度运动。方向键面板也称为 D-Pad,它一般位于屏幕左下角,当玩家把手指放到方向键面板上,并沿着玩家想要移动的方向按动方向键,游戏角色就开始沿着指定方向移动。

3.13.1 准备工作

首先,我们需要为方向键面板创建一个新类,并将其命名为 `DirectionalPad`。接下来,让我们开始创建它。此外,我们要把加速度传感器相关代码注释掉或删除,但是要保留 accHero 精灵,后面我们将会用到它。

3.13.2 操作步骤

在 `DirectionalPad` 头文件中,添加如下代码:

```
#import "CCSprite.h"
#import "cocos2d.h"

@interface DirectionalPad :CCSprite{

  CGPointtouchlocation;
  CGPointmoveLocation;
}


@property(nonatomic,assign)float angle;
@property(nonatomic,assign)bool touched;
@property(nonatomic,assign)float dist;

@end
```

上面代码中,我们先获取初始触屏位置,以及手指的移动位置,以得到玩家想要游戏角色往哪个方向移动。

然后,我们创建了一个 `bool` 类型的变量 `touched`,用来保证当玩家按动 D-pad 时只有游戏角色发生移动。

接着，我们创建了两个 float 类型的变量 angle 与 dist，它们用来获取方向角，它可以通过触屏与移动位置计算出来。我们也会计算两个位置之间的距离，防止出现盲区。

在实现文件中，添加如下代码：

```
#import "DirectionalPad.h"
@implementation DirectionalPad

- (void)onEnter {

  [superonEnter];
  self.userInteractionEnabled = true;
}

- (void)onExit {

  [superonExit];
  self.userInteractionEnabled = false;
}

- (void)touchBegan:(CCTouch *)touch withEvent:(CCTouchEvent *)event{

  _touched = true;
  CGPoint location = [touch locationInNode:self.parent];
  touchlocation = location;
  moveLocation = location;

}
- (void)touchMoved:(CCTouch *)touch withEvent:(CCTouchEvent *)event{

  CGPoint location = [touch locationInNode:self.parent];
  moveLocation = location;
}

- (void)touchEnded:(CCTouch *)touch withEvent:(CCTouchEvent *)event{

    _touched = false;
}

  -(void)update:(CCTime)delta{


    CGPointdirectionVector = ccpSub(moveLocation, touchlocation);
  _angle = atan2f(directionVector.y, directionVector.x);
  _dist = ccpDistance(touchlocation, moveLocation);
```

}

@end

首先，我们在 `onEnter` 与 `onExit` 函数中为当前类开启或关闭触屏功能。

接着，在 `touchBegan` 函数中，把 `touched` 布尔变量设置为 `ture`，以便获取触屏的当前位置，而后，将其赋给 `touchLocation` 与 `moveLocation` 两个变量。

在 `touchMoved` 函数中，我们更新位置，把更新的位置赋给 `moveLocation` 变量。

然后，在 `touchEnded` 函数中，我们把布尔变量 `touched` 设置为 `false`。

在 `update` 函数中，我们做必需的计算，用来得到移动的角度与距离。为此，我们需要把 `moveLocation` 与 `touchlocation` 相减以获取方向向量。

我们也需要计算两个位置之间的角度，以及它们之间的距离。以上就是 DirectionalPad 类需要做的所有工作。

在 MainScene 头文件中，导入 `DirectionalPad.h` 文件，新建 DirectionalPad 类的实例 dPad。此外，还创建一个 `float` 类型的变量 heroSpeed，我们将用它与方向相乘让 hero 移动。

```
#import <CoreMotion/CoreMotion.h>
#import "SSCustomSprite.h"
#import "DirectionalPad.h"

@interface MainScene :CCNode{

    DirectionalPad* dPad;
    floatheroSpeed;
```

接着，在 `init` 函数中，初始化 dPad 与 heroSpeed 两个变量，代码如下：

```
//accelerometer
accHero = [CCSpritespritewithImageNamed:@"hero.png"];
accHero.position = ccp(self.contentSize.width/2,
self.contentSize.height/2);
[selfaddChild:accHero];

//_motionManager = [[CMMotionManageralloc] init];

heroSpeed = 10;
```

```
dPad = [DirectionalPadspriteWithImageNamed:@"DPad.png"];
dPad.position = ccp(dPad.contentSize.width/2,
dPad.contentSize.height/2);
[selfaddChild:dPad];
```

我仍然保留了 accHero 变量，但是把 motionManager 注释掉，因为目前并不需要它。

我们把变量 heroSpeed 设置为 10，将方向键面板放置在屏幕的左下角。你可以根据自己游戏的需要调整它们的值。

制作 D-Pad 所需要的图像存在于本章的资源文件夹中，需要手工把它添加到项目中。

在 update 函数中，删除与加速度传感器相关的代码，而后添加如下代码：

```
// update function
- (void)update:(CCTime)delta {

  if(dPad.touched&&dPad.dist> 20){

    CGPointnewPos = CGPointMake(cos(dPad.angle) * heroSpeed,
      sin(dPad.angle) * heroSpeed);

    accHero.position = ccpAdd(accHero.position, newPos);
  }

  // comment below code
  //CMAccelerometerData *accelerometerData =
  _motionManager.accelerometerData;
  //CMAcceleration acceleration = accelerometerData.acceleration;
  //CGFloatnewXPosition = accHero.position.x + acceleration.y * 1000 *
  delta;

  //newXPosition = clampf(newXPosition, 0, self.contentSize.width);

  //accHero.position = CGPointMake(newXPosition, accHero.position.y);

}
```

首先，检测是否有手指触碰 D-pad，判断触碰位置与移动位置之间的距离是否大于 20。

若条件成立，则把角色移动到 D-pad 被按下的位置上。

计算 x 距离时，我们把角度的余弦值与 heroSpeed 值相乘得到，计算 y 距离时，把角度的正弦值与 heroSpeed 值相乘得到。

最后，我们把新位置与 hero 的当前位置相加，让 hero 移动。

3.13.3 工作原理

现在，为了让 hero 移动起来，把一根手指放在 D-pad 上，并沿着想移动的方向拖动它，hero 就会向着指定的方向移动起来，如图 3-9 所示。

图 3-9

3.13.4 更多内容

接下来，让我们创建火箭弹，当触摸屏幕右侧时，火箭弹就从角色的反坦克火箭筒中射出。

修改 `touchBegan` 函数，如下所示：

```
- (void)touchBegan:(CCTouch *)touch withEvent:(CCTouchEvent *)event
{
    CCLOG(@"TOUCHES BEGAN");

    CGPointtouchLocation = [touch locationInNode:self];

    if(touchLocation.x>winSize.width/2){
```

```
    CGPointrocketPos = ccp(accHero.position.x +
    accHero.contentSize.width/2,
    accHero.position.y - accHero.contentSize.height * 0.075);

    Rocket* rocket = [[Rocket alloc]initWithFilename:@"rocket.png"
    Speed:10.0fPosition:rocketPos];
    [selfaddChild:rocket];

    }

}
```

rocketpos 变量是一个可调整变量，它用来让火箭弹看上去是从反坦克火箭筒中射出的。否则，如果你只提供 hero 的位置，火箭弹看上去就像是从 hero 中射出的，而不是从反坦克火箭筒射出。

此时，运行项目，你就可以通过 D-pad 来控制 hero 的移动，并通过单击屏幕右侧发射火箭弹，如图 3-10 所示。

图 3-10

第 4 章
物理引擎（Physics）

本章涵盖主题如下：

- 添加 physics 到游戏场景
- 添加物理对象
- 了解不同 body 类型
- 添加精灵纹理到物理对象
- 创建组合体
- 创建复杂形状
- 修改 body 属性
- 通过触摸控制应用冲量
- 通过加速度计添加作用力
- 碰撞检测
- 添加旋转关节
- 添加马达关节
- 添加游戏循环与得分

4.1 内容简介

在 App Store 中有大量游戏使用 physics，其中最流行、最有名的当数"愤怒的小鸟"。物理引擎让游戏更真实，也更有趣，它也让游戏开发变得更加简单。所有你需要做的只不过是提供初始化参数,物理引擎将进行模拟输出。以前,开发者必须自己编写 physics 代码,即使代码写得正确无误,这个过程也让人心生厌倦。

目前,有很多包含物理引擎的框架。Cocos2d 中包含一个名为 Chipmunk 的物理引擎。你可能觉得它的名字有点傻里傻气的,且不谈它的名字,Chipmunk 功能非常强大,使用方便,能够帮助开发者大大缩短游戏开发周期。

除了 Chipmunk 之外,还有 Box2D,它是一个更复杂、也更精巧的物理引擎。一旦熟悉了 Chipmunk,你将能立即使用 Box2D 编写游戏。

4.2 添加 physics 到游戏场景

在添加任何其他对象之前,我们需要先准备使用 physics 的场景。

4.2.1 准备工作

在随书的代码中,我同样为本章创建了一个单独的项目。关于创建项目的标准步骤,通过前面的学习,相信各位已经掌握了。因此,请各位创建一个新项目,并对项目做必要的修改。

4.2.2 操作步骤

在 MainScene.h 文件中,新添一个 CCPhysicsNode 类型的变量,并命名为 _physicsWorld,后面我们在游戏中创建的所有物理对象必须添加给它。添加代码如下:

```
CCPhysicsNode *_physicsWorld;
```

接着,在 MainScene.m 文件的 init 函数中,添加如下代码:

```
winSize = [[CCDirector sharedDirector]viewSize];
CGPoint center = CGPointMake(winSize.width/2, winSize.height/2);
self.contentSize = winSize;

CCSprite* scenery = [CCSprite spriteWithImageNamed:@"scenery.png"];
scenery.position = center;
[self addChild:scenery];

_physicsWorld = [CCPhysicsNode node];
_physicsWorld.gravity = ccp(0,-100);
_physicsWorld.debugDraw = true;
[self addChild:_physicsWorld];
```

由于厌倦了之前的背景，因此我新创建了一张背景图像。请把新背景从本章的资源文件夹复制到项目中，并且将其添加到场景中。

请注意，我们应该把背景图像 scenery 而非物理节点添加到当前类。这是因为 scenery 不是一个物理对象，它是一个背景图像，将它放入场景只是为了让场景看上去更漂亮，所以我们把它直接添加到场景中。

接下来的 4 行代码可能会让你感到陌生。第一行代码用来启动节点。

第二行用来设置重力。由于重力方向总是垂直向下，所以我们把 x 值设为 0，y 值设置为负值来表示。具体值完全取决于你的游戏，以及游戏中物理对象有多重。

在第三行代码中，把 debugDraw 变量设置为 true，这样一来我们就能真地看到物理对象的形状。debugDraw 函数也提供其他关于对象类型的信息，当我们遇到它时，再详细讨论。这里只要记得把 debugDraw 设置为 true 正是我们想要的，但是当发布游戏时，一定要记得把它设置为 false。

最后，我们把 physicsNode 添加到当前场景中。因为我们还没有添加任何物理对象，所以游戏运行时你将不会看到任何有趣的东西，只能看到新的背景图像，如图 4-1 所示。

图 4-1

4.3 添加物理对象

要让物理引擎工作起来,我们需要往场景中添加物理对象。所以,让我们继续向前,往场景中添加物理对象。

4.3.1 准备工作

在前面的部分,我们已经为启动物理对象模拟做好了所有准备工作。接下来,只要把对象添加到场景中即可。

4.3.2 操作步骤

我创建了一个名为 `spawEmptyBody` 的新函数,在 `MainScene.m` 文件中添加如下代码:

```
-(void)spawnEmptyBody{

  CCNode *node = [[CCNode alloc]init];

  CCPhysicsBody *body = [CCPhysicsBody
    bodyWithCircleOfRadius:10
    andCenter:node.anchorPointInPoints];

  body.type = CCPhysicsBodyTypeStatic;

  node.physicsBody = body;
  node.position = ccp(winSize.width * 0.5f, winSize.height * 0.7f);

  [_physicsWorld addChild:node];
}
```

首先,新建一个空的 `CCNode` 对象,为它分配内存,并进行初始化。

然后,创建第一个 `CCPhysicsBody` 类型的 physics body。一个 physics body 可以有不同形状,也可以有不同的 body。这里创建了一个圆形 body,并传递给它半径大小,这样创建出一个实心的 physics body。我们也需要提供锚点或 physics body 的中心,这里我们把 `CCNode` 对象的中心作为 physics body 的中心。

physics body 拥有几个属性，本章会陆续讲到它们。在这些属性中，最重要的一个是 body 类型。示例中，我们把 body 类型设置为 static。此外，还有 dynamic 与 kinematic 两种类型。

> 一个 static 类型的 body 不受重力或外力影响。当我们向它施加一个作用力时，它不会移动，只位于我们指定的位置上。而 dynamic 类型的 body 与其相反，它会受到重力影响，并对作用于它的外力产生响应。kinematic 类型的 body 只对用户特意应用于它的作用力产生响应，不受重力影响。并且只与 dynamic 类型的 body 发生碰撞，而不会与 static 以及其他 kinematic 类型的 body 发生碰撞。

在指定 body 类型之后，我们把 body 指派给 node 的 physicsBody。对于你创建的每个 body，这一点是至关重要的，即你需要创建一个 node，并把 body 指派给它。

接着，我们设置 CCNode 的位置。请注意，我们并没有直接为 physics body 指定位置，而是把 body 指派给 node，而后指定 node 的位置。

在示例中，把 node 定位在屏幕中间略微偏上的位置，即横坐标为屏幕宽度的一半，纵坐标为屏幕高度的 70%。

最后，我们把 node 添加到 physicsNode 中，作为其子成员。

4.3.3 工作原理

为了让代码工作，我们需要在 init 函数中调用 spawnEmptyBody 函数。

在把 physicsNode 添加到场景之后，紧接其后，添加如下代码：

[self spawnEmptyBody];

现在，我们运行项目。

如图 4-2 所示，运行画面中出现的蓝色圆就是我们添加到场景中的圆形 static 类型 body。

请注意，我们并没有为它设置蓝色，也没有为它添加任何图像。蓝色表示它是一个 static 类型的 body，这是把 debugDraw 设置为 true 所引起的。

把 debugDraw 设置为 false，即使 body 已经被添加到场景中，你还是看不到它。

图 4-2

4.4 了解不同的 body 类型

让我们了解一下其他 body 类型。

4.4.1 准备工作

不需要做任何准备工作。

4.4.2 操作步骤

前面我们已经学习了 `static` 类型的 body，下面让我们把 body 类型修改为 `dynamic`，看看它能做什么。

通过把 `body.type` 修改为 `dynamic`，我们可以把 body 类型更改为 `dynamic`，代码如下：

`body.type = CCPhysicsBodyTypeDynamic;`

接下来，让我们再次运行游戏。你将会看到圆形呈现出绿色，并且掉落到屏幕底部之外。粉色表示它是一个 `dynamic` 类型的 body。

> 如果你在屏幕上看不到任何东西,请确保在 init 函数中已经再次把 debugDraw 变量设置为 true。

那么,如何才能防止 body 跌出屏幕之外呢?这个问题可以通过向场景添加 boundingBox 来解决,添加之后,对象就不会再超出屏幕之外。下面使用 EdgeLoop 进行实现。

创建名为 createEdgeLoop 的函数,添加如下代码:

- (void)createEdgeLoop{

　CCNode* loopNode = [[CCNode alloc]init];

　loopNode.physicsBody = [CCPhysicsBody bodyWithPolylineFromRect:
CGRectMake(0, 0, winSize.width, winSize.height) cornerRadius:0];

　loopNode.physicsBody.type = CCPhysicsBodyTypeStatic;

　[_physicsWorld addChild:loopNode];
}

不同于 physicsBody,EdgeLoop 是空的。在正常的 physicsBody 函数中,你提供一个形状,并且形状中不能再放入另外一个 body。如果你这样做,这些 body 将会彼此产生影响。在 EdgeLoop 中,你提供一个外围边界,一个很细的线条 body 就会被绘制出来。并且,在这个外围边框之内,你可以添加物理对象,这些对象也可以在其中自由移动。当 physicsObject 碰到外围边框墙时,循环边(EdgeLoop)将把 physicsObject 限制在外围边框之中。

为了添加 EdgeLoop 函数,我们要先创建一个空节点。

我们不必创建新的 physicsBody 函数,只需把 body 指派给 node.physicsBody 属性就可以了。我们将使用 polyLineFromRect 函数创建 EdgeLoop,提供一个矩形,它始于屏幕左下角,高度与宽度和屏幕等同。

也就是说,我们创建的矩形框的高度与宽度和屏幕一样,这样一来,球体就不会超出屏幕之外。

创建矩形框时,由于我们不想要圆角,所以要把 cornerRadius 设置为 0。

由于 EdgeLoop 仍然是一个 physics body,所以我们必须把它的类型设置为 static,否则它会对重力做出反应,发生跌落。

最后，我们把 loopNode 添加到 physicsWorld 节点之中。

我们将在 init 函数中调用 createEdgeLoop 函数，并运行项目。

4.4.3 工作原理

由于 EdgeLoop body 不会被 debugDraw 绘制，所以你将看不到它。然而，确信无疑的是在整个屏幕上 EdgeLoop 一直处于运行中，并且它会限制物体运动，防止它们超出屏幕边界，如图 4-3 所示。

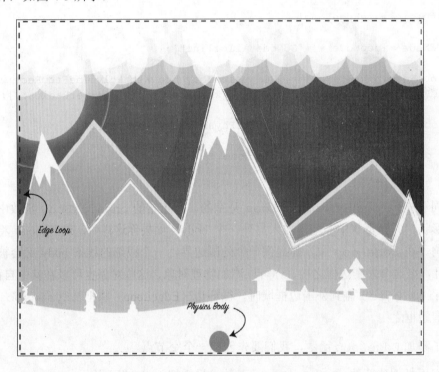

图 4-3

现在，运行项目，你将看到球体自上而下坠落，一旦碰到屏幕底部便停止下来，如图 4-4 所示。

为了再次改变 body 类型，使用下面代码取代原来的 body 类型设置代码。

body.type = CCPhysicsBodyTypeKinematic;

再次运行项目，body 现在呈现为黄色（见图 4-5），表明它是一个 Kinematic 类型的 body。并且，根据前面的解释，它是不受重力影响的。

4.4 了解不同的 body 类型 111

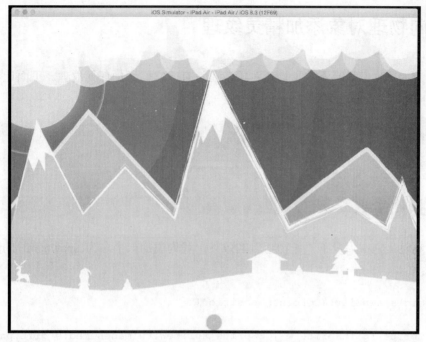

图 4-4

图 4-5

4.5 向物理对象添加精灵纹理

迄今为止，我们只是添加了物理对象，还没有向它们添加任何纹理。下面让我们一起学习如何向物理对象添加纹理。

4.5.1 准备工作

把 gift.png 与 ornament.png 两种图像导入到项目中。

4.5.2 操作步骤

为了实现从空中大量下"礼物雨"的效果，我们添加一个名为 spawnGift 的新函数，代码如下：

```
- (void)spawnGift:(CGPoint) position{

  CCSprite *giftSprite = [CCSprite spriteWithImageNamed:@"gift.png"];

  CCPhysicsBody *giftBody = [CCPhysicsBody
    bodyWithRect:(CGRect){CGPointZero,
    giftSprite.contentSize} cornerRadius:0];

  giftBody.type = CCPhysicsBodyTypeDynamic;

  giftSprite.physicsBody = giftBody;
  giftSprite.position = position;


  [_physicsWorld addChild:giftSprite];

}
```

上面代码中，我们并未创建一个空的 CCNode 对象，而是创建了 CCSprite 对象，并把 physics body 添加到其中。

请注意，由于礼物是长方形的，我们创建了一个长方形 physics body 代替原先的圆形 body，并且传入礼物精灵的 contentSize，让它与礼物精灵拥有相同的大小。

调用 spawnGift 函数时，传入创建对象的目标位置，然后在函数中把它指派给 giftSprite 对象。

以上就是 spawnGift 函数的全部代码。

在 init 函数中，把 spawEmptyObject 函数注释掉，并添加如下代码：

```
[self spawnGift:CGPointMake(winSize.width/4, winSize.height * 0.9)];
```

此外，我们还要创建一个名为 spawnOrnament 的函数，其代码如下：

```
- (void)spawnOrnament: (CGPoint) position{
  CCSprite *ornamentSprite = [CCSprite spriteWithImageNamed:
  @"ornament.png"];
  
  float radius = ornamentSprite.contentSizeInPoints.width * 0.5f;
  
  CCPhysicsBody *ornamentBody = [CCPhysicsBody
    bodyWithCircleOfRadius:radius
    andCenter:ornamentSprite.anchorPointInPoints];
  
  ornamentBody.type = CCPhysicsBodyTypeDynamic;
  
  ornamentBody.collisionType = @"ornament";
  
  ornamentSprite.physicsBody = ornamentBody;
  ornamentSprite.position = position;
  
  [_physicsWorld addChild:ornamentSprite];
}
```

上面代码中，我们为 collisionType 指定了名称，这样一来，当后面进行碰撞检测时，我们就能根据发生碰撞的物体进行分类。

ornamentBody 是一个圆形物理对象，需要为它指定半径与圆心，并将它设置到 ornament 图像的中心。

在 init 函数中添加如下代码，调用 spawnOrnament，执行创建工作。

```
[self spawnOrnament:CGPointMake(winSize.width * 3/4, winSize.height
  * 0.9)];
```

运行代码,观看代码运行情况。

4.5.3 工作原理

其实,我们并没有做多少工作,只是把指定了要使用的图像,要创建的物理对象的类型,并调用了相应函数,其他工作均由物理引擎自动完成。

对象在屏幕一侧创建出来,从顶部开始向下跌落,如图 4-6 所示。

图 4-6

4.6 创建复合体

我们也需要创建一只篮子,用来盛放礼物与装饰物。下面让我们一起学习如何创建一个复合体,以便我们能够打开盒子顶部,为篮子创建侧面与底部。

组合体是由一组 `physicsBody` 组成,它们彼此联合起来共同形成一个新 body。

4.6.1 准备工作

在这一部分,我们需要做的是把 `basket.png` 图像导入到项目中。

4.6.2 操作步骤

到现在为止，我们已经用过标准的 body 形状，比如圆形、矩形等。为了创建复合体，我们先要创建独立的形状，而后把它们联在一起，形成复合体。下面让我们一起看一下具体如何做。

新建一个名为 spawnBasket 的函数，并添加如下代码。并且，创建一个 CCSprite 类型的全局变量 basketSprite，后面我们将在其他函数中访问它。运行如下代码：

```
-(void)spawnBasket{

basketSprite = [CCSprite spriteWithImageNamed:@"basket.png"];

CCPhysicsShape *leftWall = [CCPhysicsShape
  rectShape:CGRectMake(0,0,
  10,basketSprite.contentSize.height)
  cornerRadius:0];

CCPhysicsShape *rightWall = [CCPhysicsShape
  rectShape:CGRectMake(basketSprite.contentSize.width - 10,0,
  10,basketSprite.contentSize.height)
  cornerRadius:0];

CCPhysicsShape *bottom = [CCPhysicsShape
  rectShape:CGRectMake(14,0,
  basketSprite.contentSize.width - 28,10)
  cornerRadius:0];


NSArray* shapeArray = [[NSArray
  alloc]initWithObjects:leftWall,
  rightWall,
  bottom,
  nil] ;


CCPhysicsBody* basketBody = [CCPhysicsBody
  bodyWithShapes:shapeArray];
```

```
    basketBody.type = CCPhysicsBodyTypeDynamic;

    basketSprite.physicsBody = basketBody;
    basketSprite.position = ccp(winSize.width * 0.5f, basketSprite.
    contentSize.height/2 + 10);

    [_physicsWorld addChild:basketSprite];

}
```

上面代码中，为了创建 basketBody，我们先创建了 3 个 CCPhysicsShape，它们都被定义为矩形。

第一个 CCPhysicsShape 形状充当篮筐的左侧面，它从篮子的左下角开始，宽度为 10，高度为篮筐高度。

第二个 CCPhysicsShape 形状用作篮筐的右侧面，它从篮子右侧边减 10 的位置开始，宽度为 10，高度与左侧面一样。

篮子底面从离左侧边 14 个单位的位置开始，宽度为篮子总宽度减去 28，高度为 10 个单位。

然后，我们创建一个名为 shapeArray 的 NSArray 数组，并且把上面 3 个形状添加到该数组中。

接着，我们创建 basketBody，创建时，使用了 bodyWithShapes 函数，将前面创建的数组传递给它。

然后，我们把 basketBody 的类型设置为 dynamic，并将它指派给 basketSprite，再把 basketSprite 横坐标设置为屏幕中间，纵坐标设置为距离屏幕底部 10 单位的位置，最后把 basketSprite 添加到 physicsWorld 节点。

4.6.3　工作原理

更改 spawnGift 与 spawnOrnament 的位置，让它们离屏幕中间更近一些。代码如下：

```
        [self spawnGift:CGPointMake(winSize.width/2 - winSize.width/16
,
        winSize.height * 0.9)];

        [self spawnOrnament:CGPointMake(winSize.width/2 + winSize.
```

```
width
        /16 , winSize.height * 0.9)];

        [self spawnBasket];
```

把 spawBasket 函数添加到 init 函数之中,运行带有 basketBody 的场景,运行结果如图 4-7 所示。

图 4-7

4.7 创建复杂形状

如果你的对象不适合使用方形或圆形形状进行创建,你可以使用不规则形状通过指定多个顶点来创建 body。

4.7.1 准备工作

在本部分的学习中,需要用到资源文件中的 candyStick.png 文件,并且需要从 GitHub 下载 vertexHelper 源文件。

创建复杂形状时，需要先获取要创建的对象形状的顶点，这可以通过把图像导入 Photoshop 或 Paint 中采用手工方式获取各个顶点，这是一种比较难的方式。一种更简单的方式是使用 VertexHelper 软件，使用时，你只需导入图像，并单击想要的顶点，软件会为你生成坐标，这些坐标能够轻松导入 Chipmunk 中使用。

`VertexHelper` 软件的下载地址为 https://github.com/jfahrenkrug/VertexHelper。转到下载地址，单击下载链接，下载完成后进行解压缩。

双击 Xcode 项目，而后运行软件。然后，把 `candyStick-ipadhd.png` 图像拖入屏幕中间，如图 4-8 所示。

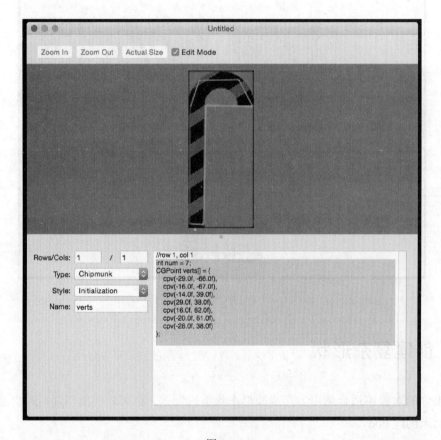

图 4-8

为了获取顶点，先在 Type 中选择 Chipmunk，在 Style 中选择 Initialization。

再选中软件窗口顶部的 `EditMode` 复选框。接着，从左下角开始，沿着逆时针方向通过单击创建点。你每次单击，都会创建出一个新点。

请注意，软件并不支持撤销与重做功能。如果你对选取的点不满意，你必须关闭软件，然后重启软件进行选点。对于简单形状来说，这不会有任何问题。除了免费版本之外，VertexHelper 软件还有一个 Pro 版本，各位可以从 Mac App 商店进行下载，它支持撤销与重做功能，需要从 App Store 商店购买才可以使用。

如图 4-8 所示，我创建了 7 个点，软件给出了这 7 个点的坐标，在软件界面的底部你可以看到它们。复制与 7 个点相关的内容，后面我们将用到它们。

4.7.2 操作步骤

在 MainMenu.m 文件中，添加一个名为 spawnCandy 的新函数，用于生成棒糖，代码如下：

```
-(void)spawnCandy{

  CCSprite *candySprite = [CCSprite spriteWithImageNamed:
  @"candyStick.png"];

  float xOffset = candySprite.contentSize.width/2;
  float yOffset = candySprite.contentSize.height/2;

  float PTMratio = 4.0f;

  int num = 7;
  CGPoint verts[] = {
    ccp(-29.0f/PTMratio + xOffset, -66.0f/PTMratio + yOffset),
    ccp(-16.0f/PTMratio + xOffset, -67.0f/PTMratio + yOffset),
    ccp(-14.0f/PTMratio + xOffset, 39.0f/PTMratio + yOffset),
    ccp(29.0f/PTMratio + xOffset, 38.0f/PTMratio + yOffset),
    ccp(16.0f/PTMratio + xOffset, 62.0f/PTMratio + yOffset),
    ccp(-20.0f/PTMratio + xOffset, 61.0f/PTMratio + yOffset),
    ccp(-28.0f/PTMratio + xOffset, 38.0f/PTMratio + yOffset)
  };

  CCPhysicsBody *body = [CCPhysicsBody bodyWithPolygonFromPoints:verts count:num cornerRadius:0];

  body.type = CCPhysicsBodyTypeDynamic;
```

```
candySprite.physicsBody = body;
candySprite.position = ccp(winSize.width * 0.5f, winSize.height *
   0.7f);

[_physicsWorld addChild:candySprite];
}
```

上面代码中,大部分代码跟以前差不多。首先,使用 `candyStick.png` 图像创建一个精灵。

当使用 `polyline` 创建 `body` 时,图像的左下角被视作锚点,我们必须根据图像中心移动每个点。因此,我们要获取图像 `contentSize` 宽度与高度的一半。

我们也需要一个转换因子,用来除坐标值,这是因为物理对象是以米进行度量的,而不是像素。所以,我们需要一个把像素转换为米的转换器,为此我创建了一个名为 `PTMratio` 的 `float` 型变量,并且将它的值设置为 4。

我们要把它设置为一个合适的值,这样物理点才能与精灵形状很好地匹配在一起。

接着,把 VertexHelper 软件中生成的信息粘贴进来。我们必须把所有顶点的 `CPV` 重命名为 `CCP`。并且,把每个坐标值除以 `PTMratio`,再加上宽度或高度的调整值。

在创建 physics body 时,我们使用了 `bodyWithPolygonWithPoints` 函数,把顶点数组与顶点个数传递给它,并把 `cornerRadius` 设置为 0。

然后,我们把 body 类型设置为 dynamic,再把 body 指派给 candySprite 的 physicsBody,设置 candySprite 的位置,最后把 candySprite 添加到 physicsWorld 之中。

在 `init` 函数中调用 `spawnCandyStick` 函数,代码如下:

```
[self spawnOrnament:CGPointMake(winSize.width/2 + winSize.width/16 ,
   winSize.height * 0.9)];

[self spawnBasket];

[self spawnCandy];
```

4.7.3 工作原理

运行应用程序,观看代码运行结果,如图 4-9 所示。

图 4-9

等等!为什么形状看上去是图 4-10 的样子,而不是我们选点时的样子?

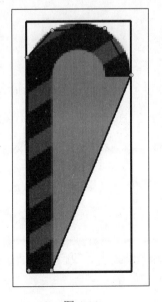

图 4-10

显然，这是因为使用多边形会受到限制。从点创建出的形状需要是凸的，这意味着每个线段之间的内部角不应该大于 180 度，如图 4-11 所示。

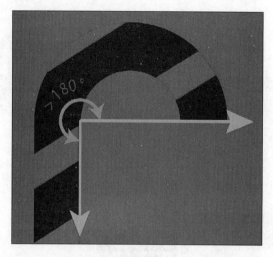

图 4-11

在如图所示的情形之下，第三个点将被跳过，下一点被取用，整个回环未完成。从示例可以看出，我们运气不错。有时回环很可能无法关闭，或者得到很奇怪的形状。

在本书后面部分学习 PhysicsEditor 工具时，我们将学习解决凹陷形状问题的方法。

4.8 修改 body 属性

如同自然界中真实的物体，每个 body 或 shape 都有一定的 body 属性，比如质量、摩擦力、弹力等。下面让我们学习如何修改这些属性值。

4.8.1 准备工作

不需要做任何额外的准备工作。

4.8.2 操作步骤

对于无特定形状附着的常规 body 而言，我们可以通过修改对象的质量、摩擦力、弹力的属性值为它添加质量、摩擦力、弹力。

对于 giftBody 而言，创建出它之后，添加如下代码，修改其属性值。

```
CCPhysicsBody *giftBody = [CCPhysicsBody
  bodyWithRect:(CGRect){CGPointZero,
  giftSprite.contentSize} cornerRadius:0];

giftBody.mass = 1.0f;
giftBody.friction = 0.2f;
giftBody.elasticity = 0.0f;
```

如果质量值设置得很大,那么即使定义了弹力,因受重量影响,body 反弹得也会比较少。

摩擦力会阻止物体运动。你把摩擦力设置得越大,物体越快停下来。如果把摩擦力设置为 0,当向 body 施加作用力时,它不会停下来,并且会一直运动下去。

弹力只是描述物体弹跳能力的另一种方式。示例中,我们把弹跳力设置为 0,因为一般而言盒子本身不具有弹跳属性。而球体通常会有弹跳属性,因此让我们把弹力添加到 ornamentBody 上,代码如下:

```
CCPhysicsBody *ornamentBody = [CCPhysicsBody
  bodyWithCircleOfRadius:radius
  andCenter:ornamentSprite.anchorPointInPoints];

ornamentBody.mass = 1.0f;
ornamentBody.friction = 0.2;
ornamentBody.elasticity = 1.0;
```

4.8.3 操作步骤

现在,运行应用程序,可以看到弹跳的装饰物。修改弹力属性值,或增大或减小,观察它对物体的影响。

4.8.4 更多内容

在为由多个形状组成的物体设置这些属性值时,例如篮子,我们需要单独为每个形状设置属性值。因此,对于示例中的篮子,我们应该使用如下代码进行设置。

```
CCPhysicsShape *bottom = [CCPhysicsShape rectShape:
CGRectMake(14,0,basketSprite.contentSize.width - 28,10)
cornerRadius:0];

leftWall.mass = rightWall.mass = bottom.mass = 1.0f;
leftWall.friction = rightWall.friction = bottom.friction = 0.2;
```

```
NSArray* shapeArray = [[NSArray alloc]initWithObjects:
leftWall,rightWall,bottom, nil] ;
```

4.9 使用触摸控制施加冲量

我们也可以从特定方向向对象添加冲量与作用力，这使得在游戏中创建跳跃行为变得更简单、容易。

4.9.1 准备工作

一旦出现单击屏幕的行为，我们将立即向篮筐应用作用力。因此，我们需要先开启场景中的触屏交互功能。

```
- (void)onEnter{
  [super onEnter];
  self.userInteractionEnabled = YES;

}

- (void)onExit{
  [super onExit];
  self.userInteractionEnabled = NO;

}
```

4.9.2 操作步骤

编写 touchBegan 函数，代码如下：

```
- (void)touchBegan:(CCTouch *)touch withEvent:(UIEvent *)event
{
  // we want to know the location of our touch in this scene
  CGPoint touchLocation = [touch locationInNode:self];

  if(touchLocation.x < winSize.width/2){

  [basketSprite.physicsBody applyImpulse:ccp(-250,0) atLocalPoint:
  basketSprite.position];

  }else{
```

```
    [basketSprite.physicsBody applyImpulse:ccp( 250,0) atLocalPoint:
    basketSprite.position];
  }

}
```

在上面的代码中,当用户单击屏幕时,首先检测用户单击的是屏幕哪一侧。如果单击的是屏幕左半部分,我们将向 basketSprite 应用一个冲量,x 坐标值为-250,y 值为 0。之所以把 y 值设置为 0 是因为我们不想让篮子沿向上或向下的方向进行运动。

类似地,如果用户单击了屏幕的右半部分,也调用 applyImpulse 函数沿 x 轴正方向向篮子应用冲量。

4.9.3　工作原理

运行应用程序,效果如图 4-12 所示。

图 4-12

你会看到我们成功地向篮子应用了冲量效果,但是篮子也发生了旋转,甚至出现颠倒现象。这样一来,我们该如何捕获对象呢?

为了解决这一问题，我们必须禁止篮子发生旋转。在 `spawnBasket` 函数中，创建出 `basketBody` 之后，紧接着添加如下一行简单代码。

```
basketBody.allowsRotation = false;
```

上述代码会禁用 physics body 的旋转行为。

此时，如果你运行项目，篮子将不会发生旋转，也不会倾倒。

然而，还是有一个恼人的小问题。当篮子向右移动时，如果你突然单击屏幕左侧部分，篮子将继续保持向右移动一点。

为了让控制更加灵敏，能够使篮子的方向立刻发生改变，我们必须在 `touchBegan` 函数中做一些微小的修改。

在向 basketSprite 应用冲量之前，先把篮子对象的速度设置为 0，代码如下：

```
- (void)touchBegan:(CCTouch *)touch withEvent:(UIEvent *)event
{
  // we want to know the location of our touch in this scene
  CGPoint touchLocation = [touch locationInNode:self];

  if(touchLocation.x < winSize.width/2){

    [basketSprite.physicsBody setVelocity:ccp(0,0)];

    [basketSprite.physicsBody applyImpulse:ccp(-250,0)
    atLocalPoint:basketSprite.position];

  }else{

    [basketSprite.physicsBody setVelocity:ccp(0,0)];

    [basketSprite.physicsBody applyImpulse:ccp( 250,0) atLocalPoint:
    basketSprite.position];
  }

}
```

现在，篮子对触屏动作的反应已经非常灵敏了，其行为变得正常起来，如图 4-13 所示。

图 4-13

4.10 通过加速度计添加作用力

冲量与作用力的区别在于，冲量只会向 body（刚体）应用一次，与此不同，把作用力应用于对象之后，它可以持续一段时间。下面让我们一起学习如何向篮子应用作用力。

4.10.1 准备工作

在 MainScene.h 文件中，我们将导入 CoreMotion.h 头文件，并且新建一个 CMMotionManager 类型的运动管理器，代码如下：

```
#import "cocos2d.h"
#import <CoreMotion/CoreMotion.h>

@interface MainScene : CCNode <CCPhysicsCollisionDelegate>{
  
  CGSize winSize;
  CGPoint center;
```

```
    CCPhysicsNode *_physicsWorld;

    CCSprite *basketSprite;

    CMMotionManager *_motionManager;
}

+(CCScene*)scene;

@end
```

在 onEnter 与 onExit 函数中,我们添加如下粗体代码,用于更新加速度传感器的值。

```
- (void)onEnter{
  [super onEnter];
  self.userInteractionEnabled = YES;
  [_motionManager startAccelerometerUpdates];
}

- (void)onExit{
  [super onExit];
  self.userInteractionEnabled = NO;
  [_motionManager stopAccelerometerUpdates];
}
```

然后,在 init 函数中,我们对运动管理器变量_motionManager 进行初始化,代码如下:

```
_motionManager = [[CMMotionManager alloc] init];
```

现在,我们已经准备好做下一步了。

4.10.2 操作步骤

添加 update 函数,用向篮子应用作用力的代码取代原来应用冲量的代码,如下:

```
- (void)update:(CCTime)delta {

  CMAccelerometerData *accelerometerData = _motionManager.accelerometerData;

  CMAcceleration acceleration = accelerometerData.acceleration;
```

```
    CGPoint forceVector = ccp(acceleration.y * 2000,0);
    [basketSprite.physicsBody applyForce:forceVector atLocalPoint:
    basketSprite.position];
}
```

请注意，代码中我们要获取的是游戏处于横屏模式时加速度计的 y 值。

4.10.3 工作原理

现在，如果你倾斜设备，篮子将会向左或向右移动。

你可以根据自身需要减小或增大作用力的大小。

4.11 碰撞检测

Chipmunk 物理引擎也提供了碰撞检测机制，使用它可以在两个 physics body 之间进行碰撞检测。因此，使用碰撞检测机制的先决条件是两个对象都需要有 physics body 附加其上。

示例中，我们将在篮子底部、装饰物、礼物之间进行碰撞检测。请注意，示例中不会把糖棒包含其中，但是操作步骤是一样的。

我们也会看一下礼物、装饰物、循环边（EdgeLoop）之间的碰撞。

如果装饰物与礼物中有一个和循环边（EdgeLoop）、篮子底部发生碰撞，我们将删除发生碰撞的对象。

4.11.1 准备工作

为了让碰撞检测工作起来，首先我们要把 MainScene 设置为代理类。为此，向 MainScene.h 文件中添加如下代码：

```
#import "cocos2d.h"
#import <CoreMotion/CoreMotion.h>

@interface MainScene : CCNode <CCPhysicsCollisionDelegate>{

    CGSize winSize;
    CGPoint center;
```

```
    CCPhysicsNode *_physicsWorld;

    CCSprite *basketSprite;

    CMMotionManager *_motionManager;
}

+(CCScene*)scene;

@end
```

接着，在 init 函数中，在初始化 Physicsworld 的代码之间添加如下粗体代码：

```
    _physicsWorld = [CCPhysicsNode node];
    _physicsWorld.gravity = ccp(0,-200);
    _physicsWorld.debugDraw = true;
    _physicsWorld.collisionDelegate = self;
    [self addChild:_physicsWorld];
```

上面新添加的代码用来把 collisionDelegate 设置为当前类。现在，我们可以开始进行碰撞检测了。

4.11.2 操作步骤

为了进行碰撞检测，我们必须先为想要检测碰撞的对象添加标记。我们将在循环边（EdgeLoop）、篮子、礼物、装饰物之间进行碰撞检测。

下面我们将使用 collisionType 属性来定义碰撞标签。针对所有 4 个对象，我们将定义以下变量。

对于装饰物，我们只将其定义为"ornament"，添加如下代码：

```
ornamentSprite.physicsBody = ornamentBody;
ornamentSprite.position = position;

[_physicsWorld addChild:ornamentSprite];

ornamentBody.collisionType = @"ornament";
```

collisiontype 参数为文本，你可以定义它，并在需要的时候调用它。

类似地，我们也为礼物、循环边定义碰撞类型，代码如下：

```
giftSprite.position = position;
[_physicsWorld addChild:giftSprite];
giftBody.collisionType = @"gift";

loopNode.physicsBody.type = CCPhysicsBodyTypeStatic;
[_physicsWorld addChild:loopNode];

loopNode.physicsBody.collisionType = @"edge";
```

对于篮子，由于我们只想检测与篮子（body）的底部形状之间的碰撞，所以我们只为篮子底部设置 collisionType，而不会为篮子的左侧面与右侧面进行设置。我们将使用如下代码：

```
CCPhysicsShape *bottom = [CCPhysicsShape rectShape:
CGRectMake(14,0,basketSprite.contentSize.width - 28,10)
   cornerRadius:0];

bottom.collisionType = @"basket";
```

既然已经设置好了标签，下面就可以进行碰撞检测了。

为了进行碰撞检测，我们需要用到 CCPhysicsCollisionBegin 函数。我们可以把它添加到 MainScene.m 文件的任何位置上。该函数接收成对对象，并且在它们之间进行碰撞检测。我们也将给出想要进行碰撞检测的成对物体的标签。

如果想在 collisiontype 与其他任意一种碰撞类型之间进行碰撞检测，我们可以使用通配符标记进行指定。通配符标记是一个关键字，用来自动寻找其他碰撞类型，并且在与你提供的类型之间进行检测。

通配符标记不能是第一个对象。所以，我们必须指定第一个对象，然后使用通配符标记指定第二个对象。

碰撞检测代码如下：

```
- (BOOL)ccPhysicsCollisionBegin:(CCPhysicsCollisionPair *)pair
basket:(CCNode *)nodeA wildcard:(CCNode *)nodeB{

  if([nodeB.physicsBody.collisionType isEqual: @"ornament"] ||
  [nodeB.physicsBody.collisionType isEqual: @"gift"]){

    CCLOG(@" collided with ornament or gift");
  }
```

```
    return YES;
}
```

在上面的代码中，我们想进行碰撞检测的第一个节点是篮子，所以我们使用前面设置的标记名把第一个对象指定为篮子，而对于第二个对象，我们使用通配符关键字进行指定。

在 if 条件语句中，我们要检测被触碰的对象是装饰物还是礼物，这样一来，我们就能在控制台中输出显示篮子碰到了哪个对象，结果如图 4-14 所示。

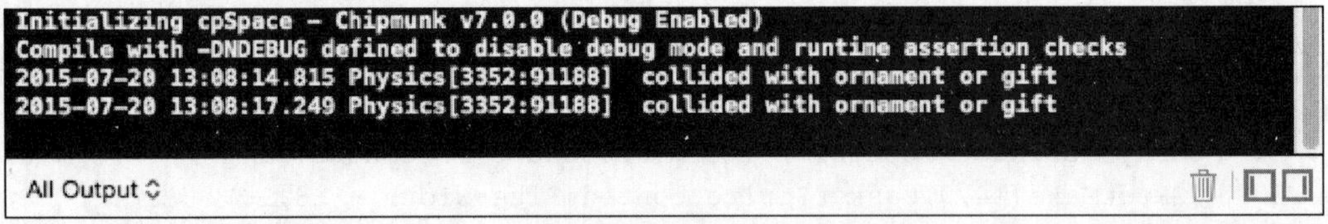

```
Initializing cpSpace - Chipmunk v7.0.0 (Debug Enabled)
Compile with -DNDEBUG defined to disable debug mode and runtime assertion checks
2015-07-20 13:08:14.815 Physics[3352:91188]  collided with ornament or gift
2015-07-20 13:08:17.249 Physics[3352:91188]  collided with ornament or gift
```

图 4-14

4.11.3　工作原理

由于我们添加了一个装饰物与一个礼物，所以碰撞函数被调用两次。

接下来，让我们学习一下当对象碰撞到篮子底部时，如何把它们删除。

为此，需要我们在碰撞函数中添加如下一行代码（粗体部分）：

```
- (BOOL)ccPhysicsCollisionBegin:(CCPhysicsCollisionPair *)pair
basket:(CCNode *)nodeA wildcard:(CCNode *)nodeB{


    if([nodeB.physicsBody.collisionType isEqual: @"ornament"] ||
    [nodeB.physicsBody.collisionType isEqual: @"gift"]){

      CCLOG(@" collided with ornament or gift");

      [nodeB removeFromParent];
    }

    return YES;
}
```

只需简单的一行代码，你就能把对象从场景中删除。

类似地，我们也可以使用碰撞检测函数，在循环边（EdgeLoop）与其他对象之间进行碰撞检测，代码如下：

```
- (BOOL)ccPhysicsCollisionBegin:(CCPhysicsCollisionPair *)pair
edge:(CCNode *)nodeA wildcard:(CCNode *)nodeB{

    if([nodeB.physicsBody.collisionType isEqual: @"ornament"] ||
    [nodeB.physicsBody.collisionType isEqual: @"gift"]){

    [nodeB removeFromParent];

    }

    return YES;
}
```

在上面的代码中，我们把第一个碰撞检测对象由原来的篮子替换成 collisionType 设为 edge 的循环边（EdgeLoop）。同样，我们检测礼物与装饰物是否与循环边发生碰撞，若是，则将它们删除。

现在，运行应用程序，你将看到除了礼物与装饰物之外，其他对象都被保留了下来，如图 4-15 所示。

图 4-15

4.12 添加旋转关节

我们可以在两个刚体（body）之间添加旋转关节，这样其中一个就可以绕着另外一个旋转。在本节示例中，我们将为篮子添加两个旋转的轮子。

4.12.1 准备工作

首先从资源文件夹中把轮子图像（PNG 文件）导入到项目中。在 MainScene.h 文件中，新建两个全局精灵，分别命名为 spriteWheelL 与 spriteWheelR。

4.12.2 操作步骤

首先，在 MainScene.m 文件中，新添一个名为 addWheels 的新函数。

```
-(void) addWheels{

  //left wheel
  wheelSpriteL = [CCSprite spriteWithImageNamed:@"wheel.png"];

  float radius = wheelSpriteL.contentSizeInPoints.width * 0.5f;

  CCPhysicsBody *body1 = [CCPhysicsBody
    bodyWithCircleOfRadius:radius
    andCenter:wheelSpriteL.anchorPointInPoints];

  body1.friction = 1.2; body1.type = CCPhysicsBodyTypeDynamic;
  wheelSpriteL.physicsBody = body1;
  [basketSprite addChild:wheelSpriteL];



  //right wheel
  wheelSpriteR = [CCSprite spriteWithImageNamed:@"wheel.png"];

  CCPhysicsBody *body2 = [CCPhysicsBody
    bodyWithCircleOfRadius:radius
    andCenter:wheelSpriteR.anchorPointInPoints];

  body2.friction = 1.2; body2.type = CCPhysicsBodyTypeDynamic;
  wheelSpriteR.physicsBody = body2;
```

```
wheelSpriteR.physicsBody = body2;
[basketSprite addChild:wheelSpriteR];
wheelSpriteR.position = ccp(basketSprite.contentSize.width, 0);

//physics Pivot Joint
CCPhysicsJoint * pin1 = [CCPhysicsJoint
  connectedPivotJointWithBodyA:wheelSpriteL.physicsBody
  bodyB:basketSprite.physicsBody
  anchorA:wheelSpriteL.anchorPointInPoints];

CCPhysicsJoint * pin2 = [CCPhysicsJoint
connectedPivotJointWithBodyA:wheelSpriteR.physicsBody
  bodyB:basketSprite.physicsBody
  anchorA:wheelSpriteR.anchorPointInPoints];

pin1.collideBodies = pin2.collideBodies = false;

}
```

上面代码中，我们新建了两个精灵，一个为左轮，另一个为右轮。

请注意，代码中并未把轮子添加到 `PhysicsWorld` 节点，而是添加到 `basketSprite`。

并且，把 `body` 类型设置为 `dynamic`，把 `friction` 设置为 `1.0`，这样一来，轮子就能转起来，而非只在表面滑行。

左轮的默认位置在篮子的左下角，而把右轮设置在篮子右下角，即横坐标 x 为篮子的宽度，纵坐标 y 为 0。

在添加好轮子之后，接着，创建两个 `CCPhysicsJoints` 类型的物理关节，分别命名为 `pin1` 与 `pin2`。就参数而言，第一个参数给出的是 `wheelSprite` 的 `physicsBody`，第二个参数是篮子的 `physicsBody`，而对于锚点，提供的是当前轮子的锚点。

对两个轮子都做这样的设置。

然后，针对两个旋转关节，把它们的 `collideBodies` 属性设置为 `false`，这样一来，轮子与篮子 `body` 就不会彼此发生碰撞。

此外，我们也把 `EdgeLoop` 的 `physicsBody` 的 `friciton` 设置为 `1.0f`，代码如下：

```
loopNode.physicsBody.friction = 1.0;
```

4.12.3　工作原理

运行应用程序，可以在运行画面中看到带有两只轮子的篮子，如图4-16所示。

图4-16

4.13　添加马达关节

到现在为止，我们向篮子应用了一个线性作用力，让它动起来，然后轮子也应该随之一起旋转。借助马达关节，我们可以让轮子转起来，对象的 body 也会做出相应行为。

4.13.1　准备工作

在 MainScene.h 文件中，创建两个 CCPhysicsJoint 类型的全局变量，分别命名为 motorL 与 motorR，代码如下：

```
CCPhysicsNode *_physicsWorld;
CCSprite *basketSprite;
```

```
CMMotionManager *_motionManager;
CCSprite *wheelSpriteL, *wheelSpriteR;

CCPhysicsJoint *motorL;
CCPhysicsJoint *motorR;
```

4.13.2 操作步骤

修改 touchBegan 函数代码，如下：

```
- (void)touchBegan:(CCTouch *)touch withEvent:(UIEvent *)event{
    // we want to know the location of our touch in this scene
    CGPoint touchLocation = [touch locationInNode:self];

    if(touchLocation.x < winSize.width/2){


        //[basketSprite.physicsBody setVelocity:ccp(0,0)];
        //[basketSprite.physicsBody applyImpulse:ccp(-250,0) atLocalPoint:
        basketSprite.position];

        motorL = [CCPhysicsJoint connectedMotorJointWithBodyA:
        wheelSpriteL.physicsBody bodyB:basketSprite.physicsBody
rate:10.0];
        motorR = [CCPhysicsJoint connectedMotorJointWithBodyA:
        wheelSpriteR.physicsBody bodyB:basketSprite.physicsBody
rate:10.0f];

    }else{

        //[basketSprite.physicsBody setVelocity:ccp(0,0)];
        //[basketSprite.physicsBody applyImpulse:ccp( 250,0) atLocalPoint:
        basketSprite.position];

        motorL = [CCPhysicsJoint connectedMotorJointWithBodyA:
        wheelSpriteL.physicsBody bodyB:basketSprite.physicsBody rate:-
10.0];
        motorR = [CCPhysicsJoint connectedMotorJointWithBodyA:
        wheelSpriteR.physicsBody bodyB:basketSprite.physicsBody rate:-
        10.0f];
    }

}
```

上面代码中，当用户单击屏幕左侧时，创建 motorL 与 motorR，代替我们在前面添加的应用冲量的代码。

当单击屏幕左侧时，速度值为正 10，而当单击屏幕右侧时，速度值为–10。

4.13.3　工作原理

此时，如果你运行应用程序，你将会看到即使停止单击屏幕，body 也会沿着最后的单击方向继续移动。

为了防止马达旋转轮子，当单击结束时，我们必须把速度重新设置为 0。在 touchEnded 函数中添加如下代码：

```
- (void)touchEnded:(CCTouch *)touch withEvent:(CCTouchEvent *)event{

  motorL = [CCPhysicsJoint connectedMotorJointWithBodyA:
  wheelSpriteL.physicsBody bodyB:basketSprite.physicsBody rate:0.0];
  motorR = [CCPhysicsJoint connectedMotorJointWithBodyA:
  wheelSpriteR.physicsBody bodyB:basketSprite.physicsBody rate:0.0f];
}
```

4.14　添加游戏主循环与计分

到目前为止，我们已经有了一个非常好的小游戏。接下来，我们要为这款小游戏添加游戏主循环与计分功能。就游戏主循环而言，我们将在不同位置创建一定数量的对象，玩游戏时玩家要捕获这些对象，每捕获一个对象，就会有一个得分加到总分数上，最终显示出的分数是玩家从投抛的总对象中捕获的对象数。

4.14.1　准备工作

在 MainScene.h 文件中，添加如下变量：

```
#import "cocos2d.h"
#import <CoreMotion/CoreMotion.h>

@interface MainScene : CCNode <CCPhysicsCollisionDelegate>{

  CGSize winSize;
  CGPoint center;
```

```
    CCPhysicsNode *_physicsWorld;
    CCSprite *basketSprite;

    CMMotionManager *_motionManager;

    CCSprite *wheelSpriteL, *wheelSpriteR;

    CCPhysicsJoint *motorL;
    CCPhysicsJoint *motorR;

    CCLabelTTF *scoreLabel;
    int score;
    int TOTALSPAWN;
    int spawnCounter;
    bool gameover;

}

+(CCScene*)scene;

@end
```

上面代码中，scoreLabel 变量用来显示分数，整型变量 score 用来记录分数。整型变量 TOTALSPAWN 用来记录生成的对象总数，spawnCounter 变量用于对所有生成的对象进行计数。最后，布尔变量 gameover 用于检测游戏是否结束。

4.14.2 操作步骤

在 init 函数中，初始化上面所有变量，代码如下：

```
score = 0;
spawnCounter = TOTALSPAWN = 10;
gameover = false;
```

并且，我们还要初始化 scoreLabel 变量，调度一个新函数，它每 2 秒就会被调用一次。代码如下：

```
scoreLabel = [CCLabelTTF
labelWithString:[NSString stringWithFormat:@"Score:
%d/%d",score,TOTALSPAWN]
    fontName:@"AmericanTypewriter-Bold"
    fontSize: 24.0f];
```

```
scoreLabel.position = CGPointMake(winSize.width/2,
winSize.height * 0.9);

scoreLabel.color = [CCColor colorWithRed:0.1f green:0.45f
blue:0.73f];

[self addChild:scoreLabel];


[self schedule:@selector(spawnObjects) interval: 2.0f];
```

spawnObjects 函数每 2 秒就会调用执行，随机创建装饰物或礼物。为此，我们需要先在 init 函数中把生成装饰物、礼物、棒糖的代码注释掉。

然后，添加 spawnObjects 函数，代码如下：

```
- (void) spawnObjects{

  spawnCounter --;

  float multiplier = winSize.width / 8;
  float xDist = (arc4random() % 5 + 1) * multiplier;

  CGPoint position = ccp(xDist, winSize.height * 0.8);

  int caseNumber = arc4random() % 2;

  if(caseNumber == 0){
    [self spawnGift:position];

  }else if (caseNumber ==1){

    [self spawnOrnament:position];
  }

}
```

每次调用 spawnObjects 函数，spawnCounter 就会递减。然后，我们创建了两个随机数字，第一个用来随机生成 *x* 坐标，以便创建对象，第二个随机数字决定在随机位置上抛出的是装饰物还是礼物。

我们对 update 函数做一些修改，如下：

```
- (void)update:(CCTime)delta {

  CCLOG(@"spawnCounter: %d", spawnCounter);

  if(spawnCounter <= 0 && gameover == false){
    gameover = true;
    [self unschedule:@selector(spawnObjects)];
  }

  //CCLOG(@"update");

  //CMAccelerometerData *accelerometerData = _motionManager.accelerometerData;
  //CMAcceleration acceleration = accelerometerData.acceleration;

  //CGPoint forceVector = ccp(acceleration.y * 2000,0);

  //[basketSprite.physicsBody applyForce:forceVector atLocalPoint:basketSprite.position];

}
```

上面代码中,如果 spawnCounter 变量小于 0,且 gameover 为 false,我们将把 gameover 设置为 true,并且不再调度游戏的 spawnObjects 函数。

注意:
请确保你已经把加速度计相关的代码注释掉或删掉,因为我们不想让篮子因加速度计而发生移动。

修改碰撞函数如下,这样当捕获到装饰物或礼物时,我们可以增加分数,并且对分数及时进行更新。

```
- (BOOL)ccPhysicsCollisionBegin:(CCPhysicsCollisionPair *)pair basket:(CCNode *)nodeA wildcard:(CCNode *)nodeB{

  if([nodeB.physicsBody.collisionType isEqual: @"ornament"] ||
     [nodeB.physicsBody.collisionType isEqual: @"gift"]){
```

```
        CCLOG(@" collided with ornament or gift");

        [nodeB removeFromParent];

        score++;

        scoreLabel.string = [NSString stringWithFormat:@"Score:
        %d/%d",score,TOTALSPAWN];

    }

    return YES;
}
```

4.14.3　工作原理

当经过上面这些修改之后,我们已经做好一个小的游戏原型。运行游戏,并观察游戏运行情况,如图4-17所示。

图 4-17

此外，还有最后一件事需要做，那就是在 init 函数中把 debugDraw 设置为 false。修改相关代码，如下：

```
_physicsWorld = [CCPhysicsNode node];
_physicsWorld.gravity = ccp(0,-20);
_physicsWorld.debugDraw = false;
_physicsWorld.collisionDelegate = self;
[self addChild:_physicsWorld];
```

如图 4-18 所示，现在尽情试玩你的新物理游戏吧！

图 4-18

第 5 章 声音

本章涵盖主题如下：

- 添加背景音乐
- 添加音效
- 添加静音按钮
- 添加音量按钮
- 添加暂停与继续按钮

5.1 内容简介

尽管游戏中的声音总是不被重视，绝大多数还是事后才贴上去的，但对于提升游戏的用户体验而言，声音的确是游戏非常重要的组成元素。一段好的游戏配乐能够大大增强游戏效果，而不需要添加任何额外的铃声与口哨声。

借助 Cocos2d，你可以很容易地把声音，例如背景音乐或音效，添加到应用程序或游戏中。一般而言，游戏中使用的声音文件分为两种：第一种是背景音乐，从启动游戏它就开始播放，一直持续到退出游戏，背景音乐的时长从 30 秒到几分钟不等，并且通常无限循环播放下去；第二种是音效，它是一段非常短的声音片段，持续时间只有几毫秒，游戏中常用作按钮压按音以及其他提示音。

5.2 添加背景音乐

本部分，我们将向游戏中添加一段背景音乐，并在整个游戏期间持续播放它。

5.2.1 准备工作

添加背景音乐时，我们将用到 bgMusic.mp3 文件，它位于随书代码的资源文件夹中，将其复制到所用系统的 Published-iOS 目录中。

本章的示例将继续沿用上一章的项目，并对其中的物理项目进行必要的修改，你可以创建项目文件夹的一个副本，然后在副本上进行工作。复制好项目之后，在 Xcode 中打开它。

在物理项目中，我们需要把 MainScene 文件名修改为 GameplayScene，因为我们将使用第 2 章的 MainScene 文件、场景与菜单，这样，当我们单击 play 按钮时，才会真正加载游戏。

通过这种方式，我们可以灵活地为游戏添加一个可选项场景，并在其中添加静音按钮与音量滑块。

所以，把 MainScene.m 与 MainScene.h 分别重命名为 GameplayScene.m 和 GameplayScene.h。并且，修改相关导入(import)代码，用 GameplayScene 代替 MainScene。

接着，再从第 2 章中把 MainScene.h 与 MainScene.m 文件、场景、菜单导入到本章的物理项目中。

最后，请你再次确认已经导入了 play 按钮。

现在，让我们对项目做一些修改。

在新导入的 MainScene.m 文件中，我们要做一些修改，添加一个选项按钮，代替 menuBtn 按钮。修改后的 init 函数，代码如下：

```
-(id)init{

  if(self = [super init]){

    CGSize winSize = [[CCDirector sharedDirector]viewSize];

    //Basic CCSprite - Background Image
    CCSprite* backgroundImage = [CCSprite spriteWithImageNamed:@"scenery.png"];

    backgroundImage.position = CGPointMake(winSize.width/2, winSize.height/2);
     [self addChild:backgroundImage];
```

```objc
    CCLabelTTF *mainmenuLabel = [CCLabelTTF labelWithString:@"Main
Menu"
        fontName:@"AmericanTypewriter-Bold" fontSize: 36.0f];
    mainmenuLabel.position = CGPointMake(winSize.width/2, winSize.
height *
    0.8);
    [self addChild:mainmenuLabel];

    mainmenuLabel.shadowColor = [CCColor colorWithRed:0.0 green:0.0
blue:1.0];
    mainmenuLabel.shadowOffset = ccp(1.0, 1.0);

    mainmenuLabel.outlineColor = [CCColor colorWithRed:1.0 green:0.0
blue:0.0];
    mainmenuLabel.outlineWidth = 2.0;



    CCButton *playBtn = [CCButton buttonWithTitle:nil
        spriteFrame:[CCSpriteFrame frameWithImageNamed:@"playBtn_normal.
png"]
        highlightedSpriteFrame:[CCSpriteFrame frameWithImageNamed:
        @"playBtn_pressed.png"]
    disabledSpriteFrame:nil];


    [playBtn setTarget:self selector:@selector(playBtnPressed:)];



    CCButton *optionsBtn = [CCButton buttonWithTitle:nil
        spriteFrame:[CCSpriteFrame frameWithImageNamed:@"optionsBtn.
png"]
        highlightedSpriteFrame:[CCSpriteFrame frameWithImageNamed:@"opt
ionsBtn.png"]

    disabledSpriteFrame:nil];


    [optionsBtn setTarget:self selector:@
selector(optionsBtnPressed:)];


    CCLayoutBox * btnMenu;
    btnMenu = [[CCLayoutBox alloc] init];
    btnMenu.anchorPoint = ccp(0.5f, 0.5f);
    btnMenu.position = CGPointMake(winSize.width/2, winSize.height *
```

```
    0.5);

        btnMenu.direction = CCLayoutBoxDirectionVertical;
        btnMenu.spacing = 10.0f;


        **[btnMenu addChild:optionsBtn];**
        [btnMenu addChild:playBtn];


        [self addChild:btnMenu];


    }

    return self;
}
```

上面代码中,粗体代码是经过修改的代码。

首先,我们把背景图像名更改为 scenery.png,代替之前我们使用的图像。

而后,把 menuBtn 变量名修改为 optionsBtn,并且把对应的图像也修改为 optionsBtn.png 文件。为此,我们需要把 optionsBtn.png 文件导入到项目中。

单击新的选项按钮将调用一个名为 optionsButtonPressed 的函数。

MainScene 类中的两个按钮将分别调用两个函数,下面让一起看一下我们对被调用的函数都做了哪些改变。

```
-(void)playBtnPressed:(id)sender{

    CCLOG(@"play button pressed");


    //[[CCDirector sharedDirector] replaceScene:[[GameplayScene alloc] initWithLevel:@"1"]];

    CCTransition *transition = [CCTransition transitionRevealWithDirection:
    CCTransitionDirectionLeft duration:0.2];
    [[CCDirector sharedDirector]replaceScene:[[GameplayScene alloc]init]
    withTransition:transition];
}


-(void)optionsBtnPressed:(id)sender{
```

```
    CCLOG(@"options button pressed");

    CCTransition *transition = [CCTransition
transitionCrossFadeWithDuration:
    0.20];
    [[CCDirector sharedDirector]replaceScene:[[OptionsScene alloc]init]
    withTransition:transition];
}
```

单击 play 按钮所调用的函数几乎没有改变,不同之处在于我们使用一个等级数字对它进行了初始化。因此,我们只是调用默认的 init 函数。

并且,由于我们调用了 GameplayScene,所以需要保证在类的开始部分已经把 GameplayScene.h 文件导入其中。

对于选项按钮要调用的函数,我们也要把它添加到 MainScene 类中,后面会用到它,但是需要暂时将其注释掉,因为我们还没有创建好 optionScene。

接下来,编译并运行游戏,保证没有任何编译错误。如图 5-1 所示,单击 play 按钮,让游戏往下运行。

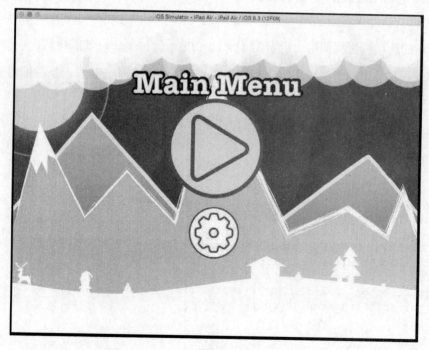

图 5-1

如果一切正常，接下来，我们将向游戏中添加背景音乐和音效。

5.2.2 操作步骤

向游戏中添加背景音乐其实非常简单，所有你需要做的不过是添加两行代码。

在 `MainScene.m` 文件的 `init` 函数中，添加如下粗体代码：

```
-(id)init{

  if(self = [super init]){

    OALSimpleAudio *audio = [OALSimpleAudio sharedInstance];

    [audio playBg:@"bgMusic.mp3" loop:YES];


    CGSize winSize = [[CCDirector sharedDirector]viewSize];

    //Basic CCSprite - Background Image
    CCSprite* backgroundImage = [CCSprite spriteWithImageNamed:@"scenery.png"];
    backgroundImage.position = CGPointMake(winSize.width/2, winSize.height/2);
    [self addChild:backgroundImage];
```

请确保已经把 `bgMusics.mp3` 文件导入到示例项目的 `Published-iOS` 文件夹中。

5.2.3 工作原理

上面代码中，我们获取了一个 `OALSimpleAudio` 类的实例，它调用 `playBg` 函数，并传入我们希望播放的音乐文件的名称。第二个参数是一个布尔型变量，其值可以是 `true` 或 `false`，这取决于我们是否想循环播放音乐文件。示例中，由于我们想循环播放音乐文件，所以将其设置为 `true`。

运行游戏，即可听到播放的背景音乐。

`mp3` 不是唯一受支持的声音文件格式。我之所以选择 mp3 是因为它的尺寸很小，如果你想知道还支持哪些声音文件格式，请阅读 Apple 相关文档，访问地址如下：`https://developer.apple.com/library/ios/documentation/MusicAudio/Conceptual/CoreAudioOverview/SupportedAudioFormatsMacOSX/SupportedAudioFormatsMacOSX.html`

5.3 添加音效

下面我们将为游戏添加音效，首先添加一个简单的按钮单击音，以告知我们某个按钮已经被按下。然后，我们再向主游戏中添加一些音效。

5.3.1 准备工作

从本章资源文件夹中导入 `click.mp3` 文件。

5.3.2 操作步骤

修改 `playBtnPressed` 与 `optionsBtnPressed` 函数代码，如下：

```
-(void)playBtnPressed:(id)sender{

  CCLOG(@"play button pressed");

  OALSimpleAudio *audio = [OALSimpleAudio sharedInstance];
  [audio playEffect:@"click.mp3" loop:NO];

  //[[CCDirector sharedDirector] replaceScene:[[GameplayScene alloc] initWithLevel:@"1"]];

  CCTransition *transition = [CCTransition transitionRevealWithDirection:
  CCTransitionDirectionLeft duration:0.2];
  [[CCDirector sharedDirector]replaceScene:[[GameplayScene alloc]init] withTransition:transition];
}


-(void)optionsBtnPressed:(id)sender{


  OALSimpleAudio *audio = [OALSimpleAudio sharedInstance];
  [audio playEffect:@"click.mp3" loop:NO];

  CCLOG(@"menu button pressed");

  CCTransition *transition = [CCTransition
```

```
transitionCrossFadeWithDuration:
  0.20];
  [[CCDirector sharedDirector]replaceScene:[[OptionsScene alloc]init]
  withTransition:transition];
}
```

只要函数被调用，我们就会获取一个 `OALSimpleAudio` 的实例，调用 `playEffect` 函数，传入音效文件名，并且把布尔变量 `loop` 设置为 `false` 或 `NO`，禁止循环播放音效。

请确保调用的是 `playEffect`，而不是 `playBg` 函数，针对正确类型的声音文件，要使用正确的函数。

5.3.3 工作原理

运行游戏，单击 play 按钮，你将听得见按钮的单击声。

虽然你能听见按钮的单击声，但是你会注意到第一次单击 play 按钮时，从单击按钮到实际播放音效之间总是有 1 秒左右的延迟。

为了解决这一问题，我们需要预先载入音频片段。为此，在 init 函数中，在播放背景音乐的代码之后，紧接着添加如下一行代码（粗体代码）：

```
if(self = [super init]){

  OALSimpleAudio *audio = [OALSimpleAudio sharedInstance];
  [audio playBg:@"bgMusic.mp3" loop:YES];

  [audio preloadEffect:@"click.mp3"];
```

上面代码中，`preloadEffect` 函数用于预先加载音频文件，这样一来，当你想播放音效时，相应的音效文件能够被立即播放，而不必先花一些时间去加载它。

以上就是在一个游戏中播放声音需要做的全部工作。

5.4 添加静音按钮

在大多数游戏中，你都能看到一个静音按钮。单击它，可以关闭游戏中的声音。这是一个非常人性化的设计，通过它，玩家可以自由地选择是否打开游戏音，以尽情地享受游戏所带来的乐趣，避免受其他因素的干扰。

5.4.1 准备工作

下面让我们创建 OptionsScene，以便把静音功能添加到游戏中。

新建一个名为 OptionsScene 的类，其父类为 CCNode。OptionsScene.h 文件包含如下代码：

```
#import "CCNode.h"

@interface OptionsScene : CCNode

+(CCScene*)scene;

@end
```

OptionsScene.m 文件代码如下：

```
#import "OptionsScene.h"

@implementation OptionsScene

+(CCScene*)scene{
  return[[self alloc]init];
}

-(id)init{

  if(self = [super init]){

    CGSize winSize = [[CCDirector sharedDirector]viewSize];

    //Basic CCSprite - Background Image
    CCSprite* backgroundImage = [CCSprite spriteWithImageNamed:@"scenery.png"];
    backgroundImage.position = CGPointMake(winSize.width/2, winSize.height/2);
    [self addChild:backgroundImage];

    CCLabelTTF *optionsMenuLabel = [CCLabelTTF
```

```
labelWithString:@"Options Menu"
    fontName:@"AmericanTypewriter-Bold" fontSize: 36.0f];
    optionsMenuLabel.position = CGPointMake(winSize.width/2, winSize.
height *
    0.8);
    [self addChild:optionsMenuLabel];

    optionsMenuLabel.shadowColor = [CCColor colorWithRed:0.0 green:0.0
    blue:1.0];
    optionsMenuLabel.shadowOffset = ccp(1.0, 1.0);

    optionsMenuLabel.outlineColor = [CCColor colorWithRed:1.0
green:0.0
    blue:0.0];
    optionsMenuLabel.outlineWidth = 2.0;

}

    return self;
}
```

上面代码中,我们添加了背景图像,并且把文本标签更改为 `OptionsMenuLabel`。

5.4.2 操作步骤

下面让我们添加一个切换按钮,用来开关游戏音。在 `OptionsScene` 类的 `init` 函数中,紧接在设置 `optionsMenuLabel` 轮廓宽度的代码之后,添加如下代码:

```
        CCButton *muteBtn;

        if([[OALSimpleAudio sharedInstance]muted]){

            muteBtn = [CCButton buttonWithTitle:nil
                spriteFrame:[CCSpriteFrame frameWithImageNamed:@"soundOFF
Btn.png"]
                highlightedSpriteFrame:[CCSpriteFrame frameWithImageNamed:
                @"soundONBtn.png"]
                disabledSpriteFrame:nil];
        }else{

            muteBtn = [CCButton buttonWithTitle:nil
                spriteFrame:[CCSpriteFrame frameWithImageNamed:@"soundONB
tn.png"]
```

```
            highlightedSpriteFrame:[CCSpriteFrame frameWithImageNamed:
            @"soundOFFBtn.png"]
            disabledSpriteFrame:nil];
    }

    [muteBtn setTarget:self selector:@selector(muteBtnPressed:)];

    muteBtn.togglesSelectedState = YES;


    CCLayoutBox * btnMenu;
    btnMenu = [[CCLayoutBox alloc] init];
    btnMenu.anchorPoint = ccp(0.5f, 0.5f);
    btnMenu.position = CGPointMake(winSize.width/2, winSize.height
* 0.5);

    btnMenu.direction = CCLayoutBoxDirectionVertical;
    btnMenu.spacing = 10.0f;

    [btnMenu addChild:muteBtn];

    [self addChild:btnMenu];
```

首先，我们创建了一个 CCButton 类型的变量，命名为 muteBtn。

然后，检测声音当前是否处于静音状态，若是，则把正常按钮图像设置为 soundOFFBtn.png 文件，把高亮按钮图像设置为 soundONBtn.png 文件。

如果声音未被静音，则调换设置按钮图像，分别把它们作为正常图像与高亮图像。

接着，把单击 muteBtn 按钮时要调用的函数设置为 muteBtnPressed，每次单击 muteBtn 按钮就会调用该函数。

并且，把 muteBtn.togglesSelectedState 设置为 YES，该属性用来把一个正常按钮转换为切换按钮。如果不把它设置为 YES，那么按钮就为普通的正常按钮。

接下来，我们把 muteBtn 添加到 LayoutBox 中，再把 LayoutBox 添加到场景中。

现在，让我们开始添加 muteBtnPressed 函数，代码如下：

```
-(void)muteBtnPressed:(id)sender{

    CCLOG(@"play button pressed");

    OALSimpleAudio *audio = [OALSimpleAudio sharedInstance];
```

```
        [audio playEffect:@"click.mp3" loop:NO];

        if([[OALSimpleAudio sharedInstance]muted]){

            [[OALSimpleAudio sharedInstance] setMuted:false];

        }else{

            [[OALSimpleAudio sharedInstance] setMuted:true];

        }
    }
```

上面代码中，当静音按钮被按下，首先播放按钮单击音。

然后，再次检测声音状态，判断是否处于静音状态。如果当前处于静音状态，则把 OALSimple Audio 的 setMuted 属性值设置为 false，不再执行静音操作。否则，我们把 setMuted 值设置为 true，关闭声音。

5.4.3 工作原理

运行应用程序，你将会看到，当按下静音按钮时，按钮图像发生变化，声音随之停止。当再次按它时，按钮图像变回正常，你将能再次听到背景音乐。

请在 MainScene.m 文件中确保相关代码未被注释掉，这样，当你按选项按钮时，按钮才能正常工作。

此外，还要添加 mainMenuBtn 按钮，当你单击它时，将会返回到 MainScene 中，如图 5-2 所示。在 OptionsScene.m 文件中添加如下粗体代码：

```
        CCButton *mainMenuBtn = [CCButton buttonWithTitle:nil
            spriteFrame:[CCSpriteFrame frameWithImageNamed:@"menuBtn.png"]
            highlightedSpriteFrame:[CCSpriteFrame frameWithImageNamed:@"menuBtn.png"]
            disabledSpriteFrame:nil];


        [mainMenuBtn setTarget:self selector:@selector(mainMenuBtnPressed:)];
```

```
            CCLayoutBox * btnMenu;
            btnMenu = [[CCLayoutBox alloc] init];
            btnMenu.anchorPoint = ccp(0.5f, 0.5f);
            btnMenu.position = CGPointMake(winSize.width/2, winSize.height
    * 0.5);

            btnMenu.direction = CCLayoutBoxDirectionVertical;
            btnMenu.spacing = 10.0f;

            [btnMenu addChild:muteBtn];
            [btnMenu addChild:mainMenuBtn];
            [self addChild:btnMenu];
```

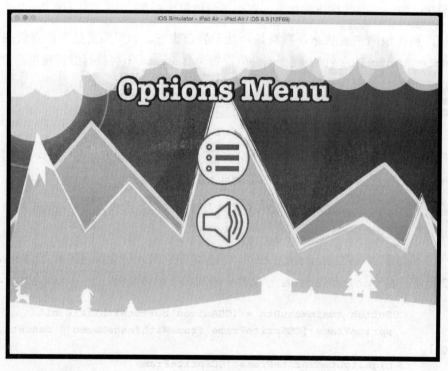

图 5-2

5.5 添加音量滑块

　　有时向游戏中添加音量滑块是非常人性的设计，这样当玩家玩游戏时如果觉得游戏音太大可以自由地把它调小。在本部分，我们将讨论如何在选项菜单中把音量滑块添加到游戏中。

5.5.1 准备工作

为了添加音量滑块，我们需要把 `sliderBase.png` 与 `sliderHandle.png` 文件导入到项目中。

5.5.2 操作步骤

在添加好用于关闭游戏音的切换按钮之后，紧接其后，添加如下代码：

```
//slider
CCSpriteFrame *sliderBase = [CCSpriteFrame frameWithImageNamed:
    @"sliderBase.png"];
CCSpriteFrame *sliderHandle = [CCSpriteFrame frameWithImageNamed:
    @"sliderHandle.png"];

CCSlider *slider = [[CCSlider alloc] initWithBackground:sliderBase
    andHandleImage:sliderHandle ];

slider.position = CGPointMake(winSize.width * 0.5 -
slider.contentSize.width/2, winSize.height * 0.2);
[self addChild:slider];

[slider setTarget:self selector:@selector(onVolumeChanged:)];

slider.continuous = YES;
slider.sliderValue = [[OALSimpleAudio sharedInstance] bgVolume];
```

一个滑块由如下两个组件构成。

- 第一个组件是滑动条，其最左侧代表最小音量，整个滑动条的长度代表最大音量 100%。
- 第二个组件是滑动块，它在最小音量与最大音量之间滑动，表示音量百分比。

滑动条与滑块图像分别存储在名为 `sliderBase` 与 `sliderHandle` 变量中，它们都是 `CCSpriteFrame` 类型。

然后，我们实际创建一个 `CCSlider` 类型的滑块变量，需要传入两个参数，一个是 `CCSpriteFrame`，另一个是 `sliderHandleSpriteFrame`。

接着,设置滑块位置,并将它添加到场景中。

类似于按钮,我们也需要为滑块指派一个处理函数,用来执行实际逻辑获取与设置音量及滑块位置。我们把这个处理函数称作 onVolumeChanged,稍后会编写它。

在接下来的两步中,我们先把 slider.continous 设置为 yes,这样当移动滑块时音量值将立刻发生改变。如果把 slider.continous 设置为 no,那么只有当手指离开滑块之后才会更新音量。

slider.sliderValue 变量用来存储当前的音量值。音量值从 OALSimpleAudio sharedInstance 的 bgVolume 属性获取。

接下来,让我们开始编写 onVolumeChanged 函数,其中包含实际处理逻辑,代码如下:

```
-(void)onVolumeChanged:(id)sender{

    CCSlider * slider = (CCSlider*)sender;

    [[OALSimpleAudio sharedInstance]
      setEffectsVolume:slider.sliderValue];

    [[OALSimpleAudio sharedInstance]
      setBgVolume:slider.sliderValue];

}
```

在函数中,我们先把 sender 转换为 CCSlilder*类型,把它存储在一个类型为 CCSlilder*的变量中,该变量名称为 slider。

在接下来的两行代码中,我们把当前 sliderValue 变量的值设置给 OALSimpleAudio sharedInstance 的 setEffectsVolume 与 setBgVolume 属性。

如果你愿意,你可以分别为 bgVolume 与 effectsVolume 创建单独的音量滑块。或者,你也可以只设置 bgVolume 值,而非 bgVolume 与 effectsVolume 两个值。

另外,为了让玩家知道它是一个音量滑块,让我们在其上方再添加一个提示标签。在 init 函数中,紧接在添加滑块的代码之后,添加如下代码:

```
CCLabelTTF *volumeLabel = [CCLabelTTF labelWithString:@"Volume"
  fontName:@"AmericanTypewriter-Bold" fontSize: 24.0f];

volumeLabel.position = CGPointMake(winSize.width/2, winSize.height *
  0.27);
```

```
[self addChild:volumeLabel];

volumeLabel.shadowColor = [CCColor colorWithRed:0.0 green:0.0
blue:1.0];
volumeLabel.shadowOffset = ccp(1.0, 1.0);

volumeLabel.outlineColor = [CCColor colorWithRed:1.0 green:0.0
blue:0.0];
volumeLabel.outlineWidth = 2.0;
```

5.5.3　工作原理

现在，运行游戏，拖动音量滑块，以增大或减小音量，如图 5-3 所示。

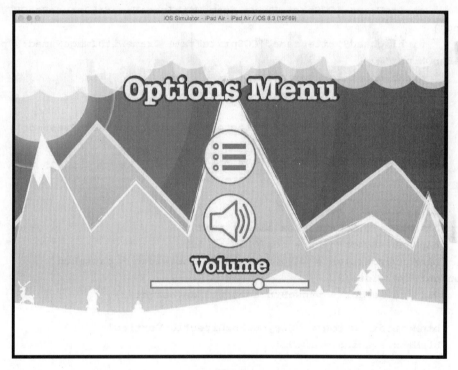

图 5-3

5.6　添加暂停与继续按钮

向游戏中添加暂停按钮是一个更好的做法，这样当游戏的过程中有电话打来时，玩家可以暂停游戏，接完电话之后再继续玩游戏。

5.6.1 准备工作

从本章的资源文件夹中,把 pauseBtnOFF.png 与 pauseBtnON.png 两张图像导入到项目目录中。

5.6.2 操作步骤

在重新命名之后的 GameplayScene.m 文件中,在 init 函数最后添加如下代码:

```
//pause button
    CCButton *pauseBtn = [CCButton buttonWithTitle:nil
        spriteFrame:[CCSpriteFrame frameWithImageNamed:@"pauseBtnOFF.png"]
        highlightedSpriteFrame:[CCSpriteFrame frameWithImageNamed:@"pauseBtnON.png"]
        disabledSpriteFrame:nil];


    [pauseBtn setTarget:self selector:@selector(pauseBtnPressed:)];

    pauseBtn.togglesSelectedState = YES;


    CCLayoutBox * btnMenu;
    btnMenu = [[CCLayoutBox alloc] init];
    btnMenu.anchorPoint = ccp(0.5f, 0.5f);
    btnMenu.position = CGPointMake(winSize.width - pauseBtn.contentSize.width/2,
    winSize.height - pauseBtn.contentSize.height/2);

    btnMenu.direction = CCLayoutBoxDirectionVertical;
    btnMenu.spacing = 10.0f;

    [btnMenu addChild:pauseBtn];

    [self addChild:btnMenu];

}

    return self;
}
```

上面代码中,我们先创建了一个名为 pauseBtn 的按钮,并且把 pauseBtnON 与 pauseBtnOFF 两个图像指派给它,分别用来表示按钮的正常与高亮两种状态。

然后,我们为暂停按钮指定响应函数为 pauseBtnPressed,稍后我们会编写它,添加具体处理逻辑。

接着,把暂停按钮的 togglesSelectedState 设置为 YES,使得按钮的选择状态可以进行切换。

然后,把暂停按钮添加到 CCLayoutBox,设置到屏幕的右上角。最后把 btnMenu 添加到场景中。

接下来,我们将添加 pauseBtnPressed 函数,代码如下:

```
-(void)pauseBtnPressed:(id)sender{

  CCButton *pauseBtn = (CCButton*)sender;

if(pauseBtn.state == CCControlStateHighlighted){

self.paused = false;

  }else{

    self.paused = true;

  }
}
```

上面代码中,我们先把 sender 类型转换为 CCButton,并把它存储在 pauseBtn 变量中。

然后使用 if 语句判断按钮状态,若按钮状态为高亮状态,则通过把当前类的 paused 属性设置为 false 来恢复游戏。或者,我们把 paused 属性设置为 true 来暂停游戏。

5.6.3 工作原理

运行游戏,单击位于屏幕右上角的暂停按钮,让游戏暂停。再次单击按钮,可以恢复游戏,如图 5-4 所示。

图 5-4

第 6 章 游戏 AI 与 A* 寻路

本章涵盖主题如下：

- 敌人的巡逻行为
- 抛射体射击敌人
- 敌人追赶行为
- A* 寻路

6.1　内容简介

俗话说，要成为一个令人敬畏的英雄，你需要跟令人敬畏的敌人战斗。在游戏中，我们通过添加各种行为来创建敌人，比如拥有简单游荡行为小喽啰，以及有一系列移动与模式让玩家时刻保持警觉的大 Boss 等。

本章中，我们将讨论如何添加敌人的 AI（Artificial Intelligence）行为，让敌人能够对玩家的移动做出反应。

6.2　敌人巡逻行为

在敌人的巡逻行为中，敌人 AI 将在两个或更多个点之间进行移动。当玩家靠近敌人时，敌人将攻击玩家。如果玩家移动到敌人的警戒区域之外或者挂掉，敌人还是会继续执行它们的巡逻任务。

6.2.1 准备工作

为了创建 AI，我们将创建名为 `PatrolAI` 的类以及 `Bullet` 类。在 `PatrolAI` 类中，我们会添加运动行为，用来检测玩家与敌人之间的距离。如果玩家靠近敌人，敌人就会转向玩家，并开始攻击玩家。

在 `Bullet` 类中，我们将添加运动功能及其删除该功能的代码。

请确保你已经导入了敌人与英雄的图像，示例项目中将会用到它们。在本章中，我创建了一个新项目作为示例项目，如果你也想创建新项目，请保证自己已经修改了相应的项目设置。

6.2.2 操作步骤

首先，让我们创建 `PatroAI` 类。

在接口文件中，添加如下代码：

```
#import "CCSprite.h"

@interface PatrolAI : CCSprite{

  CCSprite* _hero;
  CGPoint startPos;
  int xDirection;
  float xSpeed;
  float xAmplitude;

  int shootCounter;

}

-(id)initWithFilename:(NSString *) filename :(CCSprite*) hero :(CGPoint) position;

@end
```

`PatroAI` 类继承自精灵类，其中，我们先为英雄创建实例变量，这是因为我们需要使用英雄的位置来控制敌人的行为动作。我们也需要起点位置、敌人移动的方向、速度，以及距离起始位置的最大距离，在转身之前，敌人会一直在起始位置执行巡逻行为。

`shootCounter` 变量用来进行射击计数，它能够保证子弹经过一定的时间间隔而非立即进行发射。

init 函数接收 3 个参数，分别为文件名、对 hero 精灵的引用以及敌人的起始点。

接下来，让我们编写实现文件，代码如下：

```
#import "PatrolAI.h"
#import "Bullet.h"

@implementation PatrolAI

-(id)initWithFilename:(NSString *) filename :(CCSprite*) hero :(CGPoint) position
{
  if (self = [super initWithImageNamed:filename]) {

    _hero = hero;
    xDirection = 1.0;
    xSpeed = 5.0f;
    xAmplitude = 100.0f;

    [self setPosition:position];

    startPos = self.position;

    shootCounter = 0;

  }


  return self;
}
```

在上述代码中，我们先导入 `PatrolAI.h` 与 `Bullet.h` 两个文件。一旦我们编写好 Bullet 类，PatrolAI 类会创建 Bullet 类的实例。

在 init 函数中，我们把 hero 引用指派给 `_hero` 变量。然后，我们为方向、速度、距离设置值。接着，把敌人精灵的位置设置为通过参数传入的位置，并将其指派给 `startPos`，用作敌人精灵的当前位置。最后，我们把 `shootCounter` 设置为 0。接下来，我们编写 update 函数，代码如下：

```
- (void)update:(CCTime)delta {
```

```
    shootCounter -- ;
    if(shootCounter <= 0)
      shootCounter = 0;

    self.position = ccpAdd(self.position , CGPointMake(xSpeed *
    xDirection, 0));


    if(self.position.x > startPos.x + xAmplitude)
      xDirection = -1.0;
    else if(self.position.x < startPos.x - xAmplitude)
      xDirection = 1.0;

    float dist = ccpDistance(self.position, _hero.position);

if(dist < 100){

    if(self.position.x - _hero.position.x < 0)
      self.scaleX = -1.0;
    else if(self.position.x - _hero.position.x > 0)
      self.scaleX = 1.0;

    if(shootCounter == 0){

      shootCounter = 30;

      [self shoot];
    }

  }else{

    if(xDirection > 0)
      self.scaleX = -1.0;
    else
      self.scaleX = 1.0;
  }


}
```

在 update 函数中，每一帧先把 shootCounter 计数减 1。然后，判断 shootCounter 是否小于 0，若是，则把 shootCounter 置 0。

接下来，通过把当前位置（x 轴方向）加到速度和方向值的乘积上，我们设置玩家的位置。由于我们并不想让敌人沿着 y 轴方向移动，所以没有修改 y 轴方向上的值。

然后，检测当前位置在 x 轴正方向上的值是否大于起点 x 值与距离之和，若是，则把方向值修改为-1，这样一来，敌人就会沿着相反方向进行移动。

对于另一个方向，也做同样的检测。如果当前位置的 x 值小于起始点 x 值与距离之差，就把方向值设置为 1，如此一来，敌人就会沿着 x 轴正方向进行移动。

接下来，我们开始编写敌人行为逻辑的关键部分。首先，获取玩家与敌人的距离，若距离小于 100，则检测玩家在敌人后方还是前方。若玩家位于敌人后方，则把 scaleX 进行翻转，使敌人面向玩家。

然后，检测 shootCounter 值是否小于 0，若是，则将其设置为 30，并调用 shoot 函数。

如果英雄没有靠近敌人，就会检测敌人的方向，并把 scaleX 值进行翻转，敌人将会执行正常动作。下面让我们编写 shoot 函数，代码如下：

```
-(void)shoot{

Bullet* bullet = [[Bullet alloc]initWithFilename:@"bullet.png"
    Hero:_hero
    pos:self.position
    Direction:self.scaleX * -1.0];

[[self parent]addChild:bullet];


}

@end
```

在 shoot 函数中，我们新创建了一个 bullet 对象，并且在创建时传入了 bullet 图像、英雄的位置，以及敌人的位置与方向。然后我们把 bullet 添加到敌人的父类 MainScene 类中。

下面，让我们一起编写 Bullet 类。

接口文件代码如下：

```
#import "CCSprite.h"
```

```
@interface Bullet : CCSprite{

    CCSprite* _hero;
    CGPoint startPos;
    int xDirection;
    float xSpeed;

}

-(id)initWithFilename:(NSString *) filename Hero:(CCSprite*) hero pos:(CGPoint) position Direction: (int)Direction;

@end
```

它与 PatrolAI 类非常相似，但是其中并不包含需要我们考虑的 amplitude 变量。下面是 Bullet 类的实现代码。

```
#import "Bullet.h"

@implementation Bullet

-(id)initWithFilename:(NSString *) filename Hero:(CCSprite*) hero pos:(CGPoint) position Direction: (int)Direction
{
    if (self = [super initWithImageNamed:filename]) {

        _hero = hero;
        xDirection = Direction;
        xSpeed = 10.0f;

        [self setPosition:position];

        startPos = self.position;
    }

    return self;
}
```

在 init 函数中，一如既往，我们先对变量进行初始化，把 hero 赋给本地变量 _hero，将 Direction 指派给 xDirection，设置 xSpeed 为 10，并把精灵位置设置为参数传入的位置，同时再将它指派给 startPos 变量。接着，编写 update 函数，代码如下：

```
- (void)update:(CCTime)delta {

    self.position = ccpAdd(self.position , CGPointMake(xSpeed *
xDirection, 0));

    float distX = ccpDistance(startPos, self.position);

    if(CGRectIntersectsRect(self.boundingBox, _hero.boundingBox) && self
!= NULL){

        [self removeFromParent];
    }

    if(distX > 100 && self != NULL){

        [self removeFromParent];
    }

}

@end
```

在 update 函数中，我们先设置 bullet 的位置，就像我们在 enemy 中所做的那样。

接着，我们获取 bullet 所在位置与其起始点之间的距离，而非获取英雄与 bullet 之间的距离。

然后，我们检测 bullet 与英雄精灵是否发生了碰撞，若是，则从父类（我们把 bullet 添加其中）中移走 bullet。

最后，检测之前计算的距离是否大于 100，若是，则从父类中移除 bullet。

6.2.3　工作原理

为了观察代码是如何工作的，我们向 MainScene.h 文件添加如下代码：

```
@interface MainScene : CCNode{

    CGSize winSize;
    CCSprite* hero;

    CGPoint touchLocation;
```

```
    bool touched;

}

@end
```

接着，在 `MainScene.m` 文件中添加如下代码：

```
#import "MainScene.h"
#import "PatrolAI.h"

@implementation MainScene

+(CCScene*)scene{

    return[[self alloc]init];
}

- (void)onEnter{
    [super onEnter];
    self.userInteractionEnabled = YES;
}

- (void)onExit{
    [super onExit];
    self.userInteractionEnabled = NO;
}

-(id)init{

    if(self = [super init]){

        winSize = [[CCDirector sharedDirector]viewSize];

        self.contentSize = winSize;
        touched = false;

        CCSprite* backgroundImage = [CCSprite spriteWithImageNamed:
        @"Bg.png"];

        backgroundImage.position = CGPointMake(winSize.width/2,
          winSize.height/2);
        [self addChild:backgroundImage];

        hero = [CCSprite spriteWithImageNamed:@"hero.png"];
```

6.2 敌人巡逻行为

```objc
    hero.position = CGPointMake(winSize.width * .125, winSize.height/4);
    [self addChild: hero];
    
    CGPoint startPos = CGPointMake(winSize.width * .5 , winSize.height/4);
    PatrolAI* pEnemy = [[PatrolAI alloc] initWithFilename:@"enemy.png" :hero :startPos];
    [self addChild: pEnemy];
  }
  
  return self;
}

- (void)touchBegan:(CCTouch *)touch withEvent:(CCTouchEvent *)event{
  touchLocation = [touch locationInNode:self];
  touched = true;
  
}

- (void)touchEnded:(CCTouch *)touch withEvent:(CCTouchEvent *)event{
  
  touchLocation = [touch locationInNode:self];
  touched = false;
  
  
}


- (void)update:(CCTime)delta {
  
  if(touched){
    
    if(touchLocation.x > winSize.width/2){
      
      hero.position = ccpAdd(hero.position,CGPointMake(5, 0));
      hero.scaleX = 1.0;
      
    }else if (touchLocation.x < winSize.width/2){
      
      hero.position = ccpAdd(hero.position,CGPointMake(-5, 0));
      hero.scaleX = -1.0;
    }
  }
}

@end
```

我们只需要把 background、hero、PatrolAI 的值添加到 init 函数中，PatrolAI 行会处理其余工作。

你应该对其他代码非常熟悉。我们只是在类的 touchBegan 与 touchEnded 函数中打开与关闭了触摸功能，并编写 update 函数，让 hero 随着触摸移动，如图 6-1 所示。

如果愿意，你也可以向代码中添加额外功能，例如计分、游戏循环等。

图 6-1

6.3 抛射体射击敌人

抛射体敌人是指能够对玩家造成伤害的抛物体，例如箭矢、火球等，当玩家靠得很近时，就会受到它们的攻击。对于攻击玩家的抛射体，我们创建一个发射井，用来产生抛射体。根据与玩家的距离，发射井将以一个计算好的角度与速度发射抛射体，这样抛射体将能射中玩家。有时，为了增加击中玩家的机会，一般会同时发射几个抛射体。在本章的示例中，我们将只发射一个抛射体，但是它仍然能够给玩家造成不小的麻烦。

6.3.1 准备工作

我已经把火箭弹等图像从资源文件导入项目中，请保证你已经把它们复制到项目之中。

我们将创建两个类，第一个类为 ShooterBase 类，用来检测玩家与发射井（ShooterBase）之间的距离。如果距离小于某个数值，那么将向玩家发射抛射体。抛射体是一个单独的类，用来操纵抛射体的行为。

6.3.2 操作步骤

首先，让我们一起创建 ShooterBase 类。创建名为 ShooterBase 的新文件，并在接口文件中添加如下代码：

```
#import "CCSprite.h"

@interface ShooterBase : CCSprite{

  CCSprite* _hero;
  CGPoint startPos;
  int xDirection;
  float xSpeed;

  //float xAmplitude;

  int shootCounter;

}

-(id)initWithFilename:(NSString *) filename Hero:(CCSprite*) hero pos:(CGPoint) position Direction: (int)Direction;

@end
```

ShooterBase 类的实现文件与 PatrolAI 类几乎一模一样，只是没有包含 amplitude 变量，因为我们并不会用到它。

下面让我们一起看一下 ShooterBase.m 文件，代码如下：

```
#import "ShooterBase.h"
#import "ProjectileAI.h"

@implementation ShooterBase


-(id)initWithFilename:(NSString *) filename Hero:(CCSprite*) hero pos:(CGPoint) position Direction: (int)Direction
```

```
{
  if (self = [super initWithImageNamed:filename]) {
  
    _hero = hero;
    xDirection = Direction;
    xSpeed = 10.0f;
    shootCounter = 0;
    
    [self setPosition:position];
    
    startPos = self.position;
  }
  
  return self;
}
```

像往常一样，在 `init` 函数中为各个变量设置初始值。然后编写 `update` 函数，代码如下：

```
- (void)update:(CCTime)delta {

  shootCounter -- ;
  if(shootCounter <= 0)
    shootCounter = 0;
    
    float dist = ccpDistance(self.position, _hero.position);
    
  if(dist < 300){
  
    if(shootCounter == 0){
    
      shootCounter = 30;
      
      [self shoot];
    }
  }
  
  if(self.position.x - _hero.position.x < 0)
    self.scaleX = -1.0;
  else if(self.position.x - _hero.position.x > 0)
    self.scaleX = 1.0;
    
}
```

类似于 PatrolAI，我们先把 shootCounter 值减 1，然后检测它是否小于 0，若是，将其值设置为 0。

由于 ShooterBase 是固定不动的，所以我们不会改变它的位置。然而，如果你想让它移动，你可以为它添加这项功能，就像我们在 PatrolAI 类中所做的那样。

接着，我们获取玩家与发射井之间的距离，如果它小于 300，我们就把 shootCounter 设置为 30，并调用 shoot 函数。

此外，我们还要对 ShooterBase 沿 x 轴方向进行翻转，让它在发射时能够面朝玩家。

```
-(void)shoot{

  ProjectileAI* projectileRocket = [[ProjectileAI
alloc]initWithFilename:@"ProjectileRocket.png"
     Hero:_hero
     pos:self.position
     Direction:self.scaleX * -1.0];
     [[self parent]addChild:projectileRocket];

}


@end
```

在 shoot 函数中，我们创建了一个 ProjectileAI 类的实例，传入的参数有图像文件、对 hero 对象的引用、飞弹的发射位置与方向。

最后，我们把飞弹（projectileRocket）添加到当前类的父层中。

以上就是 ShooterBase 类的全部代码，接下来，让我们开始编写 ProjectileAI 类。

首先，让我们看一下接口文件，代码如下：

```
#import "CCSprite.h"

@interface ProjectileAI : CCSprite{

  CCSprite* _hero;
  CGPoint startPos;
  int xDirection;
  float speed;

  bool isAlive;
```

```
    CGPoint velocity;
    CGPoint jumpForce;
    CGPoint gravity;
    CGPoint drag;

}

-(id)initWithFilename:(NSString *) filename Hero:(CCSprite*) hero pos:
(CGPoint) position Direction: (int)Direction;

@end
```

在上述代码中,除了一些常见的代码之外,我们还在其中添加了几个新变量,比如 velocity、jumpForce、gravity 与 drag。

为了保证飞弹能够准确地击中玩家,我们需要使用一些数学与物理知识。我们将使用飞弹方程式计算发射飞弹时要用多大的力,才能成功击中目标。

为了准确获得力的大小,我们要设置攻击角度、**gravity**、**drag**。让我们打开实现文件,设置相应变量值,代码如下:

```
#import "ProjectileAI.h"

@implementation ProjectileAI

-(id)initWithFilename:(NSString *) filename Hero:(CCSprite*) hero pos:
(CGPoint) position Direction: (int)Direction
{
    if (self = [super initWithImageNamed:filename]) {

        _hero = hero;

        xDirection = Direction;
        speed = 10.0f;

        [self setPosition:position];

        startPos = self.position;

        gravity = ccp(0, -120);
        drag = ccp(1.0, 1.0);
        isAlive = true;

        float distX = hero.position.x - self.position.x;
```

```
        float distY = hero.position.y - self.position.y;

        distX = fabsf(distX);

        // ** angle constant
        float shootAngle = 45.0f;
        shootAngle = - CC_DEGREES_TO_RADIANS(shootAngle);

        float angle2= sin(2 * shootAngle);
        float force = sqrtf((distX * gravity.y )/(angle2));

        CCLOG("force: %f", force);

        shootAngle =  - CC_RADIANS_TO_DEGREES(shootAngle);
        jumpForce = ccp(xDirection * force * cosf(shootAngle), force *
        sinf(shootAngle));
        velocity = ccpAdd(velocity, jumpForce);


    }

    return self;
}
```

在 init 函数中，我们先对常见的变量进行设置，例如 speed、direction、position，然后设置 gravity、drag。

由于 gravity 总是垂直向下，所以我们只需为它设置 y 值。gravity 的值需要做修正才能保证我们准确地击中玩家。drag 指空气阻力，将其在 x 轴与 y 轴方向上的值全部设为 1，表示忽略一切空气阻力。各位可以根据自己游戏的需要进行调整。

然后，我们把 isAlive 变量设置为 true。

接着，我们分别计算在 x 轴方向与 y 轴方向的距离。然后，我们获取在 x 轴方向上距离的绝对值，因为我们只关心距离的大小，并不在意它的正负。

为了计算出力的大小，我们先把发射角度设置为 45°，而后将其转换为弧度值，并与 −1 相乘。

然后，我们新建了一个名为 value 的变量，存储着 sin(2*shootAngle) 的值。然后通过公式计算力的大小，即先把 x 轴方向上的距离与 y 轴方向上的 gravity 相乘，而后除以 sin(2*shootAngle)，再求平方根。由于我们已经计算出了 sin(2*shootAngle) 的值，所以在计算力的公式中可以直接使用它，这样会更简单些。

接下来，我们要把力应用到飞弹上，为此需要先把弧度值转换为角度值，再乘以–1。

jumpForce或飞弹的初速度在 x 轴方向上的值是飞弹的发射方向与力、发射角的余弦相乘，在 y 轴方向上的jumpForce是力与发射角正弦的乘积。最后，把速度与jumpForce相加得到最后的velocity。下面编写update函数，代码如下：

```
- (void)update:(CCTime)delta {


  CGPoint mGravityStep = ccpMult(gravity, delta);
  velocity = ccpAdd(velocity, mGravityStep);

  CGPoint moveSpeed = ccp(xDirection * speed, 1 * speed);
  CGPoint moveSpeedStep = ccpMult(moveSpeed, delta);

  velocity = ccpAdd(velocity, moveSpeedStep);

  CGPoint mVelocityStep = ccpMult(velocity, delta);

  CGPoint initpos = self.position;

  CGPoint finalpos = self.position = ccpAdd(self.position,
mVelocityStep);


  float dx = finalpos.x - initpos.x;
  float dy = finalpos.y - initpos.y;

  float rotAngle = atan2f(dy, dx);

  rotAngle = CC_RADIANS_TO_DEGREES( - rotAngle);

  [self setRotation:rotAngle];

  if(self.position.y < 75 && isAlive){

    isAlive = false;
    [self removeFromParent];
  }


  if(isAlive){
    if(CGRectIntersectsRect(self.boundingBox, _hero.boundingBox)){
```

```
            isAlive = false;
            [self removeFromParent];
        }
    }

}


@end
```

在 update 函数中，为了让重力不依赖处理器的速度，我们先计算 gravityStep，其值为 gravity 与 delta 时间的乘积。然后，再把 gravityStep 变量加到 velocity 上。

接着，计算当前的运动速度，在 *x* 轴方向上，我们把 speed 与飞弹移动的方向乘起来。然后计算 moveSpeedStep 变量，它是 moveSpeed 与 delta 时间的乘积。再把 moveSpeedStep 与 velocity 相加，得到 velocity，再把它与 delta 相乘计算出 mVelocityStep。

最后，我们把 mVelocityStep 与飞弹当前位置相加，得到飞弹的最终位置。

为了让飞弹正确旋转，并且面向运动方向，我们必须得多做一些计算。

为了计算旋转角度，我们先要获取前后两帧间在 *x* 轴方向与 *y* 轴方向上的距离变化，而后计算 dy/dx 的反正切值得到 rotAngle。

然后，我们把 rotAngle 与-1 相乘，将乘积由弧度值转换为角度值。

最后，我们把对象的当前旋转角度设置为新计算出的值。

此后，检测当前位置的 *y* 值是否小于 75，若是，则把 isAlive 设置为 false，并把自身从父节点中移除。

接着，在玩家（英雄）与飞弹之间进行碰撞检测，若为 true，则再次把布尔变量 isAlive 设置为 false，并把当前类从父层中移除。

6.3.3 工作原理

为了观察飞弹的运行情况，我们必须把 ShooterBase.h 头文件导入到 MainScene.h 头文件中。

接着，在 PatrolAI 之后，添加如下代码，并把 PatrolAI 代码注释掉，我们不再需要它。

```
            CGPoint startPos = CGPointMake(winSize.width * .5 ,
```

```
                winSize.height/4);

        //PatrolAI* pEnemy = [[PatrolAI alloc] initWithFilename:
        @"enemy.png" :hero :startPos];
        //[self addChild: pEnemy];

        ShooterBase* shooterBase = [[ShooterBase alloc]
initWithFilename:
        @"RocketBase.png" Hero:hero pos:startPos Direction: 1.0];
        [self addChild:shooterBase];
```

现在，如图6-2所示，飞弹已经准备好攻击玩家（英雄）了。

图 6-2

6.4 敌人追赶行为

在上一节中，我们看到飞弹只有最基本的行为，它只是向玩家进行射击，如果玩家远离影响点，飞弹将无能为力。而如果敌人 AI 具有追赶行为，即便玩家走开了，只要还在飞弹的半径之内，飞弹就会一直追击玩家，直到它们之间有足够的距离。

6.4.1 准备工作

本部分，我们还是会使用 `ShooterBase` 类。并且，我们也会创建名为 `ChaserAI` 的类，并发射它，用来代替发射 `ProjectileAI` 对象。所以，我们不会修改 `ShooterBase` 类，但是需要新建 `ChasterAI` 类，以便管理敌人的追击行为。

追击敌是一枚红色飞弹，需要先把飞弹图像从本章的资源文件夹中复制到项目 `Resources` 文件夹下的 `Published-iOS` 文件夹之中。

6.4.2 操作步骤

ChaserAI 类的接口文件如下：

```
#import "CCSprite.h"

@interface ChaserAI : CCSprite{

  CCSprite* _hero;
  CGPoint startPos;
  int xDirection;
  float speed;

  bool isAlive;
  float rotAngle;

  CGPoint velocity;
  CGPoint jumpForce;
  CGPoint gravity;


}
-(id)initWithFilename:(NSString *) filename Hero:(CCSprite*) hero pos:
(CGPoint) position Direction: (int)Direction;

@end
```

上面代码与 `ProjectileAI` 类似，但是有一处不同，那就是我们新添了一个 `float` 类型且名为 `rotAngle` 的全局变量，它用来记录飞弹的旋转角度。其他属性与函数都与 `ProjectileAI` 一样。

接着，让我们看一下 ChaserAI 类的实现文件，代码如下：

```objc
#import "ChaserAI.h"

@implementation ChaserAI

-(id)initWithFilename:(NSString *) filename Hero:(CCSprite*) hero pos:
(CGPoint) position Direction: (int)Direction
{
  if (self = [super initWithImageNamed:filename]) {

    _hero = hero;
    xDirection = Direction;
    speed = 10.0f;

    [self setPosition:position];

    startPos = self.position;
    gravity = ccp(0, -120);
    rotAngle = 0;

    float distX = hero.position.x - self.position.x;
    float distY = hero.position.y - self.position.y;

    distX = fabsf(distX);

    // ** angle constant
    float shootAngle = 45.0f;
    shootAngle = - CC_DEGREES_TO_RADIANS(shootAngle);

    float value = sin(2 * shootAngle);
    float force = sqrtf((distX * gravity.y )/(value));

    CCLOG("force: %f", force);

    shootAngle = - CC_RADIANS_TO_DEGREES(shootAngle);
    jumpForce = ccp(xDirection * force * cosf(shootAngle), force *
sinf(shootAngle));
    velocity = ccpAdd(velocity, jumpForce);

    isAlive = true;
  }

  return self;
}
```

init 函数与 ProjectileAI 类一模一样，用来计算施加到飞弹上的初始作用力，并将它加到 velocity 上。接下来是 update 函数的代码。

```objc
- (void)update:(CCTime)delta {

    CGPoint initpos = self.position;
    CGPoint finalpos;
    float dx, dy;

    if(ccpDistance(_hero.position, self.position)< 100)
    {
        dx = _hero.position.x - self.position.x;
        dy = _hero.position.y - self.position.y;
        rotAngle = atan2f(dy, dx);

        finalpos.x = initpos.x + speed * 0.5 * cosf(rotAngle) ;
        finalpos.y = initpos.y + speed * 0.5 * sinf(rotAngle) ;

    }else{

        CGPoint mGravityStep = ccpMult(gravity, delta);
        velocity = ccpAdd(velocity, mGravityStep);

        CGPoint moveSpeed = ccp(xDirection * speed, 1 * speed);
        CGPoint moveSpeedStep = ccpMult(moveSpeed, delta);

        velocity = ccpAdd(velocity, moveSpeedStep);

        CGPoint mVelocityStep = ccpMult(velocity, delta);

        finalpos = ccpAdd(self.position, mVelocityStep);

        dx = finalpos.x - initpos.x;
        dy = finalpos.y - initpos.y;

        rotAngle = atan2f(dy, dx);
    }

    rotAngle = CC_RADIANS_TO_DEGREES( - rotAngle);
    [self setRotation:rotAngle];

    self.position = finalpos;

    if(self.position.y < 75 && isAlive){
```

```
    isAlive = false;
    [self removeFromParent];
  }

  if(isAlive){
    if(CGRectIntersectsRect(self.boundingBox, _hero.boundingBox)){

      isAlive = false;
      [self removeFromParent];
    }
  }

}

@end
```

在 `update` 函数中，我们改变了飞弹的行为。首先，获取飞弹的当前位置，并把它指派给一个新变量 `initpos`。我们也创建了一个名为 `finalpos` 的变量，用来存储飞弹的新位置。

然后，检测飞弹与玩家之间的距离，如果小于 100，就让飞弹追击玩家。我们分别获取在 x 轴与 y 轴方向上的距离，用来计算倾斜角度，以便让飞弹总是能面向玩家。所以，我们计算旋转角度，通过把初始位置加到角度与速度的乘积上来设置飞弹的最终位置。

如果飞弹与玩家之间的距离大于 100，则计算飞弹的位置与角度，就像之前我们在 `ProjectileAI` 类中所做的那样。

接下来，我们把计算得到的值分别设置给飞弹的 `setRotation` 与 `position`。

随后，检测飞弹的纵坐标是否小于 75（屏幕之下 75 个像素），若是，则将其删除。否则，检测飞弹是否击中玩家，若击中玩家，我们将从父对象中删除飞弹。

6.4.3　工作原理

为了让 `ShooterBase` 类发射 `ChaserAI` 而非 `ProjectileAI`，取而代之，我们将在 `ShooterBase` 的 `shoot` 函数中对 `ChaserAI` 类进行实例化。`shoot` 函数代码如下：

```
-(void)shoot{
  /*
  ProjectileAI* projectileRocket = [[ProjectileAI alloc]initWith
  Filename:@"ProjectileRocket.png"
    Hero:_hero
    pos:self.position
```

```
        Direction:self.scaleX * -1.0];
    [[self parent]addChild:projectileRocket];
    */
    
    ChaserAI* projectileRocket = [[ChaserAI alloc]initWith
    Filename:@"ChaserRocket.png"
    
      Hero:_hero
      pos:self.position
    Direction:self.scaleX * -1.0];
    [[self parent]addChild:projectileRocket];

}
```

并且，请确保你已经使用如下代码把 ChasterAI 类的头文件导入到 ShooterBase.m 文件之中。

```
#import "ChaserAI.h"
```

MainScene.m 文件中的其他代码保持不变，结果如图 6-3 所示。

图 6-3

6.5　A*寻路

游戏中，我们通常需要为敌人 AI 添加智能行为，当给出玩家位置后，它能依据地图进行导航，走最短路径靠近玩家。这一过程中就需要用到 A*寻路算法。

为了计算出最短路径，我们需要找出抵达玩家所在位置要花费的代价（cost），这被称为 F 代价，它是 G 代价与 H 代价之和。其中，G 代价是指从敌人的起始点移动到对象的当前位置所花费的代价，H 代价是指从当前位置移动到目标位置（玩家所在位置）所耗费的代价。

从一个位置，玩家可以向上移动，向下移动，也可以左右移动，每次移动都要计算代价。我们要创建两个数组（open 数组与 closed 数组），它们分别记录下所有被考虑来寻找最短路径的方块，以及不会再被考虑的方块。open 数组中记录着所有被考虑用来寻找最短路径的方块，而 closed 数组中包含的方块会被忽略掉。

采用这种方式计算得到的路径是从目的地到起始点的。因此，我们还需要把路径顺序进行反转以得到真实路径。

然后，所有需要做的就是通过路径进行移动，最终抵达目的地。

6.5.1　准备工作

移动要么是向上或向下，要么向左或向右，所以我们需要创建一个格子，并借助它进行导航。格子形状位于资源文件夹中。此外，我们还需要使用红色圆圈表示敌人，它也包含于资源文件夹中。

6.5.2　操作步骤

首先，我们需要创建一个 Tile 类，它用来创建网格。创建一个新类，并将其命名为 Tile，在其接口文件中，添加如下代码：

```
#import "CCSprite.h"

@interface Tile : CCSprite{
    
    CGPoint tileCoord;
    
}
```

```
-(id)initWithFilename:(NSString *) filename Position: (CGPoint)
position
index: (int) index;

@end
```

接着,在实现文件中,添加如下代码:

```
#import "Tile.h"

@implementation Tile

-(id)initWithFilename:(NSString *) filename Position:(CGPoint)position
index:(int) index
{
  if (self = [super initWithImageNamed:filename]) {

    [self setPosition:position];

    CCLabelTTF *textLabel = [CCLabelTTF labelWithString:[NSString
    stringWithFormat:@"%d",index ]
      fontName:@"AmericanTypewriter-Bold"
      fontSize: 10.0f];

    textLabel.position = ccp(self.contentSize.width / 2,
    self.contentSize.height / 2);
    textLabel.color = [CCColor colorWithRed:0.1f green:0.45f
    blue:0.73f];

    [self addChild:textLabel];

  }

  return self;
}

@end
```

上面代码中,我们使用指定的文件名初始化类,并传入 index,这样我们就能添加一个标签,指出每个方块的索引编号,这在后面会派上用场。

接着,我们再创建一个名为 PathNode 的类,它用来帮助找出位置,G 分数与 H 分数,也用来记录父节点。

PathNode 类中也包含两个函数，一个用来计算 fScore 值，另一个用来检测当前节点的位置与传入节点的位置是否一样。

PathNode 类的接口文件代码如下：

```objc
@interface PathNode : NSObject
{
  CGPoint position;
  int gScore;
  int hScore;
  PathNode *parent;
}

@property (nonatomic, assign) CGPoint position;
@property (nonatomic, assign) int gScore;
@property (nonatomic, assign) int hScore;
@property (nonatomic, assign) PathNode *parent;

- (id)initWithPosition:(CGPoint)pos;
- (int)fScore;
- (BOOL)isEqual:(PathNode *)other;

@end
```

实现文件代码如下：

```objc
#import "PathNode.h"

@implementation PathNode

- (id)initWithPosition:(CGPoint)pos
{
  if ((self = [super init])) {
    _position = pos;
    _gScore = 0;
    _hScore = 0;
    _parent = nil;
  }
  return self;
}

- (int)fScore{
  return self.gScore + self.hScore;
```

```
}

- (BOOL)isEqual:(PathNode *)other
{
    return CGPointEqualToPoint(self.position, other.position);
}

@end
```

接下来，让我们创建 AStartAI 类，它用来控制 AI 的行为。首先，让我们一起看一下 AStartAI 类的接口文件与实现文件。先看接口文件，代码如下：

```
#import "CCSprite.h"

@class MainScene;

@interface AStarAI : CCSprite{

    MainScene* _mainScene;
    NSMutableArray *openNodes;
    NSMutableArray *closedNodes;
    NSMutableArray *path;
    CCAction *currentNodeAction;
    NSValue *pendingMove;

}

@property (nonatomic, retain) NSMutableArray *openNodes;
@property (nonatomic, retain) NSMutableArray *closedNodes;
@property (nonatomic, retain) NSMutableArray *path;
@property (nonatomic, retain) CCAction *currentNodeAction;
@property (nonatomic, retain) NSValue *pendingMove;

-(id)initWithFilename:(NSString *) filename Position: (CGPoint)
position MainScene:(MainScene *)mainScene;
-(void)moveToNode:(CGPoint)position;


@end
```

然后，实现文件代码如下：

```objc
#import "AStarAI.h"

#import "MainScene.h"
#import "Tile.h"
#import "PathNode.h"

@implementation AStarAI

-(id)initWithFilename:(NSString *) filename Position: (CGPoint)
position
MainScene:(MainScene *)mainScene
{
    if (self = [super initWithImageNamed:filename]) {
        
        [self setPosition:position];
        
        _mainScene = mainScene;
        
        _openNodes = nil;
        _closedNodes = nil;
        _path = nil;
        _currentNodeAction = nil;
        _pendingMove = nil;
        
    }
    
    return self;
}

- (void)moveToNode:(CGPoint)position
{
    
    if (currentNodeAction) {
        self.pendingMove = [NSValue valueWithCGPoint:position];
        return;
    }
    
    self.openNodes = [NSMutableArray array];
    self.closedNodes = [NSMutableArray array];
    self.path = nil;
    
    CGPoint fromTileCoor = [_mainScene tileCoordForPosition:
    self.position];
```

```objc
    CGPoint toTileCoord = [_mainScene tileCoordForPosition:position];

    if (CGPointEqualToPoint(fromTileCoor, toTileCoord)) {
      return;
    }

[self addToOpenNodes:[[PathNode alloc] initWithPosition:
fromTileCoor]];

do {
  PathNode *currentNode = [self.openNodes objectAtIndex:0];

  [self.closedNodes addObject:currentNode];
  [self.openNodes removeObjectAtIndex:0];

  if (CGPointEqualToPoint(currentNode.position, toTileCoord)) {
    [self constructPathAndStartAnimationFromStep:currentNode];
    self.openNodes = nil; // Set to nil to release unused memory
    self.closedNodes = nil; // Set to nil to release unused memory
    break;
  }

  NSArray *adjSteps = [_mainScene adjacentTilesCoords:
  currentNode.position];

  for (NSValue *v in adjSteps) {

    PathNode *node = [[PathNode alloc] initWithPosition:[v
    CGPointValue]];

    if ([self.closedNodes containsObject:node]) {

      continue; // Ignore it
    }

    int moveCost = [self calculateCost:currentNode toAdjacentStep:
    node];

    NSUInteger index = [self.openNodes indexOfObject:node];

    if (index == NSNotFound) {
```

```objc
            node.parent = currentNode;
            node.gScore = currentNode.gScore + moveCost;
            node.hScore = [self CalculateHScore:node.position toCoord:
            toTileCoord];
            [self addToOpenNodes:node];

          }else{

            node = [self.openNodes objectAtIndex:index];

            if ((currentNode.gScore + moveCost) < node.gScore) {

              node.gScore = currentNode.gScore + moveCost;

              [self.openNodes removeObjectAtIndex:index];

              [self addToOpenNodes:node];

            }
          }
        }

    } while ([self.openNodes count] > 0);

    if (self.path == nil) {
      NSLog(@"NO PATH FOUND");
    }
}

- (void)constructPathAndStartAnimationFromStep:(PathNode *)node
{

    self.path = [NSMutableArray array];

    do {
      if (node.parent != nil) {
        [self.path insertObject:node atIndex:0];
      }
      node = node.parent;

    } while (node != nil);

    [self reverseNodesAndMove];
```

```objc
}

- (void)reverseNodesAndMove
{

  self.currentNodeAction = nil;

  // Check if there is a pending move
  if (self.pendingMove != nil) {
    CGPoint position = [pendingMove CGPointValue];
    self.pendingMove = nil;
    self.path = nil;
    [self moveToNode:position];
    return;
  }

  // Check if there is still shortestPath
  if (self.path == nil){

    NSLog(@"SHORTEST PATH EMPTY");

    return;
  }


  if ([self.path count] == 0) {
    self.path = nil;
    return;
  }

  PathNode *s = [self.path objectAtIndex:0];

  CCActionFiniteTime *moveAction = [CCActionMoveTo actionWithDuration:
  0.3 position:[_mainScene positionForTileCoord:s.position]];
  CCActionFiniteTime *moveCallback = [CCActionCallFunc
actionWithTarget:
  self selector:@selector(reverseNodesAndMove)]; // set the method
  itself as the callback
  self.currentNodeAction = [CCActionSequence actions:moveAction,
  moveCallback, nil];


  [self.path removeObjectAtIndex:0];
```

```
    [self runAction:self.currentNodeAction];
}

- (void)addToOpenNodes:(PathNode *)node
{
    
    int stepFScore = [node fScore];
    
    int count = [self.openNodes count];
    int i = 0;
    for (; i < count; i++) {
      if (stepFScore <= [[self.openNodes objectAtIndex:i] fScore]) {
        break;
      }
    }
    
    [self.openNodes insertObject:node atIndex:i];
    
}

- (int)CalculateHScore:(CGPoint)fromCoord toCoord:(CGPoint)toCoord{
    
    return fabsf(toCoord.x - fromCoord.x) + fabsf(toCoord.y - fromCoord.y);
}

- (int)calculateCost:(PathNode *)fromStep toAdjacentStep:(PathNode *)toStep
{
    return ((fromStep.position.x != toStep.position.x) && (fromStep.position.y != toStep.position.y)) ? 14 : 10;
}

@end
```

在 MainScene.h 文件中，做如下修改：

```
@class AStarAI;

@interface MainScene : CCNode{
```

```objc
    CGSize winSize;
    CCSprite* hero;
    
    CGPoint touchLocation;
    bool touched;
    NSMutableArray *tiles;
    
    int tileCount;
    float tileWidth;
    
    AStarAI* Astarhero;
    
    
}

@property (nonatomic, assign) id table;
@property (nonatomic, retain) NSMutableArray *tiles;

+(CCScene*)scene;
- (CGPoint)tileCoordForPosition:(CGPoint)position;
- (CGPoint)positionForTileCoord:(CGPoint)tileCoord;
- (NSArray *)adjacentTilesCoords:(CGPoint)Coord;



@end
```

接下来，在MainScene.m文件中，添加如下代码：

```objc
-(void)initTilesCount:(int)widthCount{
    
    tileCount = widthCount;
    
    Tile* tile = [[Tile alloc]initWithFilename:@"tile.png" Position:ccp(0,0) index:0];
    
    float spacing = tile.contentSize.width;
    tileWidth = spacing;
    
    float halfWidth = self.contentSize.width/2 - (tileCount -1) * spacing
    * 0.5f;
    float halfHeight = self.contentSize.height/2 + (tileCount -1) *
```

```
    spacing * 0.5f;

    int index = 0;

    for(int i = 0; i < tileCount; ++i){

      float y = halfHeight - i * spacing;

      for(int j = 0; j < tileCount; ++j){

        float x = halfWidth + j * spacing;

        CGPoint pos = ccp(x,y);

        Tile* tile = [[Tile alloc]initWithFilename:@"tile.png" Position:
        pos index:index];
        tile.tileCoord = ccp(i,j);
        [self addChild:tile];


        index++;

      }
    }

  CCLog(@" **** +++++++++++++++++ *****");

  CCLOG(@"tiles count: %d", self.tiles.count);
}

// +++++++++++++++++++++++++++
// helper
// +++++++++++++++++++++++++++

// Get all the walkable tiles adjacent to a given tile
- (NSArray *)adjacentTilesCoords:(CGPoint)Coord
{
  NSMutableArray *tmp = [NSMutableArray arrayWithCapacity:4];

  // Top
  CGPoint p = CGPointMake(Coord.x, Coord.y - 1);
  int index = [self indexFromTileCoord:p];
  [tmp addObject:[NSValue valueWithCGPoint:p]];
```

```objc
    // Left
    p = CGPointMake(Coord.x - 1, Coord.y);
    index = [self indexFromTileCoord:p];
    [tmp addObject:[NSValue valueWithCGPoint:p]];


    // Bottom

    p = CGPointMake(Coord.x, Coord.y + 1);
    index = [self indexFromTileCoord:p];
    [tmp addObject:[NSValue valueWithCGPoint:p]];


    // Right
    p = CGPointMake(Coord.x + 1, Coord.y);
    index = [self indexFromTileCoord:p];
    [tmp addObject:[NSValue valueWithCGPoint:p]];


    return [NSArray arrayWithArray:tmp];
}

/////////////////////////////
// +++++++++ Converters ++++++
/////////////////////////////

-(CGPoint) tileCoordFromIndex: (int) index{

    index = index + 1;

    int x = index % tileCount + 1;
    int y = (int)(index / tileCount);

    CGPoint p = ccp(x,y);

    return p;
}

-(int) indexFromTileCoord:(CGPoint) coord{

    return (coord.x * tileCount) + coord.y;
}
```

```
-(CGPoint) positionFromIndex:(int) index{

    CGPoint coord = [self tileCoordFromIndex:index];
    CGPoint pos = [self positionForTileCoord:coord];

    return pos;
}

- (CGPoint)tileCoordForPosition:(CGPoint)position {
    int x = position.x / tileWidth;
    int y = ((tileCount * tileWidth) - position.y) / tileWidth;
    return ccp(x, y);
}
- (CGPoint)positionForTileCoord:(CGPoint)tileCoord {
    int x = (tileCoord.x * tileWidth) + tileWidth/2;
    int y = (tileCount * tileWidth) - (tileCoord.y * tileWidth) -
    tileWidth/2;
    return ccp(x, y);
}


@end
```

最后，在touchBegan函数中，添加如下粗体代码：

```
- (void)touchBegan:(CCTouch *)touch withEvent:(CCTouchEvent *)event{

    //CCLOG(@"TOUCHES BEGAN");
    touchLocation = [touch locationInNode:self];

    touched = true;

    [Astarhero moveToNode:touchLocation];

}
```

6.5.3 工作原理

在MainScene.m文件中，导入Tile.h与AStarAI.h文件。

然后，在init函数中，添加如下代码：

```
CGPoint startPos = [self positionFromIndex:1];

[self initTilesCount:12];


Astarhero = [[AStarAI alloc]initWithFilename:@"hero2.png"
Position:startPos MainScene:self];
[self addChild:Astarhero];
```

此时,当你单击网格中的任何一个方块,你将会看到敌人 AI 自动向那个位置移动,运行结果如图 6-4 所示。

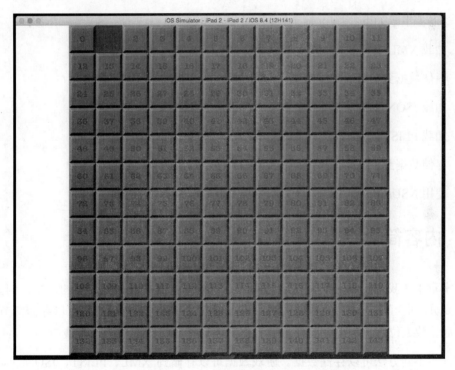

图 6-4

第 7 章 数据存储与取回

本章涵盖主题如下：

- 加载 XML 文件数据
- 存储数据到 XML 文件
- 加载 JSON 文件数据
- 加载 PLIST 文件数据
- 存储数据到 PLIST 文件
- 使用 NSUserDefaults

7.1 内容简介

在本章中，我们将学习如何存储与取回游戏数据。数据可以是简单的数据，例如存储与比较高分，也可以是复杂的数据，例如等级数据。对于游戏等级，你可以存储细节数据，例如布局、敌人位置、类型，当你加载数据时，这些数据就会被导入游戏中。

有许多不同方法可以存储数据。游戏数据可以存储到 XML、PLIST、JSON 文件类型中。每种文件类型采用不同方式存储着相同数据。PLIST 主要用于 Mac 与 iOS 平台中，而 XML 与 JSON 不依赖于任何平台。

除了上面几种类型之外，OS X 与 iOS 还支持把数据存储到 NSUserDefaults 对象中，并且你无需担心数据类型的格式化，你只需要把要保存的值传递进去，即可把相应数据存储起来。使用 NSUserDefaults 对象很容易存储与取回数据，例如游戏高分、布尔值等。

下面让我们一起学习一下如何使用这些不同类型的数据文件存储数据以及反向取回，从 XML 文件开始学起。

7.2 加载 XML 文件数据

首先，我们将讨论如何从 XML 文件中加载数据，稍后再学习把数据存储到 XML 文件的方法。

7.2.1 准备工作

在本章中，我新建了一个 Data 项目，所有文件都位于本章的资源文件夹中。项目文件也包含于本章的代码源中，学习中如果你陷入困境，可以参考它们。

为了加载一个 XML 文件，首先我们必须有一个 XML 文件。为此，我准备了 GroupList.xml 文件，请把它导入到项目中。

你在 Xcode 中可以浏览该文件，只需双击 GroupList.xml，即可将其打开，内容如下：

```
<Group>
  <Player>
    <Name>Siddharth</Name>
    <Level>1</Level>
  </Player>
  <Player>
    <Name>Alice</Name>
    <Level>2</Level>
  </Player>
  <Player>
    <Name>Steve</Name>
    <Level>3</Level>
  </Player>
</Group>
```

在 GroupList.xml 文件中，包含着我们想加载的一组玩家。其中，共有 3 个玩家，每个玩家都包含一些属性，比如他们的名字、等级，示例中玩家 Siddharth 等级为 1，Alice 的等级为 2，Steve 的等级为 3。

当你导入 XML 文件之后，接下来，你可以对项目做一些修改，以便它能被读入 XML 文件。

为此，我们使用谷歌创建的GDataXML来处理XML数据。你可以从https://github.com/google/ gdata-objectivec-client下载它。

下载好之后，进入Source/XMLSupport文件夹，把GDataXMLNode.h与GDataXMLNode.m文件复制到项目中。在此之前，先在项目中创建一个新文件夹用来存放它们会更好，这样项目文件就能组织得井井有条。

接着，在Xcode中单击你的项目，在Build Settings中，在Search Paths下的Header Search Paths中，选择所有项，而后添加"/usr/include/libxml2"，如图7-1所示。

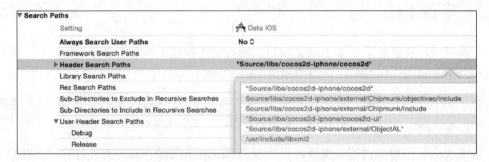

图 7-1

然后，在Other Linker Flags中，添加"-lxml2"，如图7-2所示。

图 7-2

并且，选择GDataXMLNode.m文件，把"-fno-objc-arc"编译标记添加到它。

7.2.2 操作步骤

在MainScene.m文件中，让我们创建一个用户结构，以便能创建一个可变数组存储数据。所以，在类的顶部我们创建名为Player的结构体，代码如下：

typedefstruct{

 __unsafe_unretainedNSString* name;

```
  int level;

}Player;
```

在 MainScene.h 文件中，我们创建一个名为 players 的变量，它是一个可变数组，代码如下：

```
@interface MainScene :CCNode{

  NSMutableArray *players;

}

+(CCScene*) scene;

@end
```

接着，在 init 函数中，对可变数组进行初始化，代码如下：

```
+(CCScene*) scene{

  return [[self alloc]init];

}

-(id)init{

  if(self = [super init]){


    //** XML

    players = [[NSMutableArrayalloc]init];


  }

  return self;

}
```

接下来，编写一个函数，用来加载 XML 文件，并从中获取数据，或存储数据到可变数组中。我们把这个函数称为 loadXMLGroup，代码如下：

```objc
- (void)loadXMLGroup {

    NSString *filePath = [self XMLdataFilePath:FALSE];
    NSData *xmlData = [[NSMutableDataalloc] initWithContentsOfFile:
    filePath];
    NSError *error;
    GDataXMLDocument *doc = [[GDataXMLDocumentalloc]
    initWithData:xmlData
      options:0 error:&error];
    if (doc == nil){

        NSLog(@" **** unable to load xml ****");
    }

    NSLog(@"%@", doc.rootElement);

    NSArray *groupMembers = [doc.rootElementelementsForName:@"Player"];

    for (GDataXMLElement *groupMember in groupMembers) {

        NSString *name;
        int level;

        Player player;

        //** Name
        NSArray *names = [groupMemberelementsForName:@"Name"];
        if (names.count> 0) {
          GDataXMLElement *firstName = (GDataXMLElement *) [names
          objectAtIndex:0];
          name = firstName.stringValue;

          NSLog(@"Name: %@", name);

          player.name = name;

        } else continue;

        //** Level
        NSArray *levels = [groupMemberelementsForName:@"Level"];
        if (levels.count> 0) {
```

```
            GDataXMLElement *firstLevel = (GDataXMLElement *) [levels
            objectAtIndex:0];
            level = firstLevel.stringValue.intValue;

            NSLog(@"Level: %d", level);

            player.level = level;

        } else continue;


        NSValue *value = [NSValuevalueWithBytes:&player objCType:
        @encode(Player)];
        [playersaddObject:value];

    }

}
```

首先，传入我们想加载的 XML 文件名，它是一个字符串。接着，使用 NSData 属性类从文件中获取实际数据。随后将其转移到名为 doc 的 GDataXMLDocument 类型的变量中。

若 doc 为空，则输出一段错误信息，告知没有发现数据。

否则，我们把所有值存储到一个名为 groupMembers 的 NSArray 类型的变量中。

为了遍历数组中的每个元素，我们用到了 GDataXMLElement 属性，并且使用 for 循环实现对数组中每个元素的遍历。

接着，创建两个临时变量，分别用来存储玩家名字与等级。此外，还创建了一个 Player 类型的变量 player，它存储在可变数组中。

然后，获取名字与等级成员元素，并把它们分别存储到各个 NSArrays 之中。

所有的 player 元素都被存储在名为 players 的单独数组中。

我们也把从 GDataXMLElement 中查找到的名字与等级输出显示出来。

为了获取 XML 文件的路径，我们要编写如下一个函数，它也用来获取要保存的文件名。

```
- (NSString *)XMLdataFilePath:(BOOL)forSave {

NSArray *paths = NSSearchPathForDirectoriesInDomains
```

```
  (NSDocumentDirectory,
    NSUserDomainMask, YES);

  NSString *documentsDirectory = [paths objectAtIndex:0];
  NSString *documentsPath = [documentsDirectorystringByAppending
  PathComponent:@"GroupList.xml"];

  if (forSave || [[NSFileManagerdefaultManager] fileExistsAtPath:
    documentsPath]) {
      returndocumentsPath;

  } else {

      return [[NSBundlemainBundle] pathForResource:@"GroupList"
      ofType:@"xml"];
  }
}
```

执行上面函数时会判断带有相同文件名的文件是否存在。若存在，则返回文件路径；否则，新创建一个 XML 文件，并返回以字符串的形式返回文件路径。

在 init 函数中，当初始化 players 之后，可变数组调用 loadXMLGroup 函数，代码如下：

```
-(id)init{

  if(self = [super init]){

    //** XML

    players = [[NSMutableArrayalloc]init];

    [selfloadXMLGroup];

  }

  return self;
}
```

7.2.3 工作原理

到这里，所有你要做的是运行项目。XML 文件将被加载，并且有输出如图 7-3 所示。

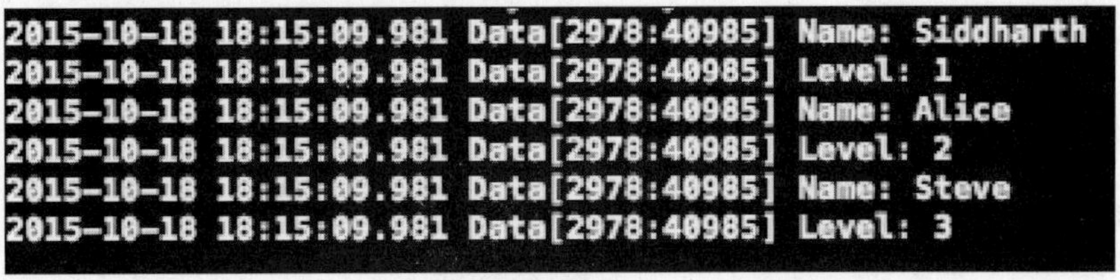

```
2015-10-18 18:15:09.981 Data[2978:40985] Name: Siddharth
2015-10-18 18:15:09.981 Data[2978:40985] Level: 1
2015-10-18 18:15:09.981 Data[2978:40985] Name: Alice
2015-10-18 18:15:09.981 Data[2978:40985] Level: 2
2015-10-18 18:15:09.981 Data[2978:40985] Name: Steve
2015-10-18 18:15:09.981 Data[2978:40985] Level: 3
```

图 7-3

如你所愿,在控制台中输出了 XML 文件中的内容,与我们刚开始看到的文件内容一样。在下一部分中,我们将讨论如何把数据存储到 XML 文件中。

7.3 存储数据到 XML 文件

为了把数据存储到 XML 文件,先把要存储的值添加到我们创建的 `players` 数组中。然后,我们获取这个经过调整的数组列表,调用 `saveXMLGroup` 函数,它会把数据值写入 XML 文档。

7.3.1 操作步骤

首先,让我们编写 `addXMLPlayer` 函数,它会把一个新的 player 添加到数组中,代码如下:

```
-(void) addXMLPlayer:(Player)player {

  NSValue *value = [NSValuevalueWithBytes:&player objCType:
  @encode(Player)];

  [playersaddObject:value];

}
```

上面代码没什么特殊之处,我们只是把获取的 player 存储到 `NSValue` 之中,然后把 `value` 添加到 `players` 数组中。接着,继续看 `saveXMLGroup` 函数,代码如下:

```
- (void) saveXMLGroup{

  GDataXMLElement * groupElement= [GDataXMLNodeelementWithName:
  @"Group"];
```

```
    NSLog(@"Player count: %lu", (unsigned long)players.count);

    for(inti = 0; i<players.count ; i++) {

      Player player;
      NSValue *value = [players objectAtIndex:i];
      [valuegetValue:&player];

      GDataXMLElement * playerElement = [GDataXMLNodeelement
      WithName:@"Player"];

      GDataXMLElement * nameElement = [GDataXMLNodeelementWithName:@"Na
me"
      stringValue:player.name];

      GDataXMLElement * levelElement = [GDataXMLNodeelementWithName:
      @"Level" stringValue:

        [NSStringstringWithFormat:@"%d", player.level]];

      [playerElementaddChild:nameElement];
      [playerElementaddChild:levelElement];

      [groupElementaddChild:playerElement];
    }

    GDataXMLDocument *document = [[GDataXMLDocumentalloc]
    initWithRootElement:groupElement];

    NSData *xmlData = document.XMLData;

    NSString *filePath = [self XMLdataFilePath:TRUE];
    NSLog(@"Saving xml data to %@...", filePath);
    [xmlDatawriteToFile:filePathatomically:YES];

}
```

在上述代码中,我们获取每一个player属性,并把它们添加到GDataXMLElementand 类型的 playerElement 变量中。最后,我们获取 playerElement,把它添加到 groupElement 中,这一过程与前面从 XML 文件获取数据的过程正好相反。

7.3.2 工作原理

为了验证代码是否能够正常工作，我们在 init 函数中添加如下代码：

```
-(id)init{

  if(self = [super init]){

    //** XML

    players = [[NSMutableArrayalloc]init];

    [selfloadXMLGroup];


    Player player;
    player.name = @"Bob";
    player.level = 5;

    [selfaddXMLPlayer:player];
    [selfsaveXMLGroup];
    [selfloadXMLGroup];
  }

  return self;
}
```

在上述代码中，我们新建了一个名为 player 的 Player 类型的变量，而后为它的 name 与 level 赋值。然后，我们把这个 player 传递给 addXMLPlayer 函数，将其添加到数组中。此后，我们调用 saveXMLgroup 函数把修改保存到 XML 文件。最后，再次加载 XML 文件。

最终运行结果如图 7-4 所示。

```
2015-10-18 18:45:56.157 Data[3137:49639] Name: Siddharth
2015-10-18 18:45:56.157 Data[3137:49639] Level: 1
2015-10-18 18:45:56.157 Data[3137:49639] Name: Alice
2015-10-18 18:45:56.157 Data[3137:49639] Level: 2
2015-10-18 18:45:56.157 Data[3137:49639] Name: Steve
2015-10-18 18:45:56.157 Data[3137:49639] Level: 3
2015-10-18 18:45:56.157 Data[3137:49639] Name: Bob
2015-10-18 18:45:56.157 Data[3137:49639] Level: 5
```

图 7-4

你肯定也注意到了，XML 文件并未被存储到以前所在的位置上，而是被存储在一个不同的位置上。

在示例中，它被存储在如图 7-5 所示位置上。

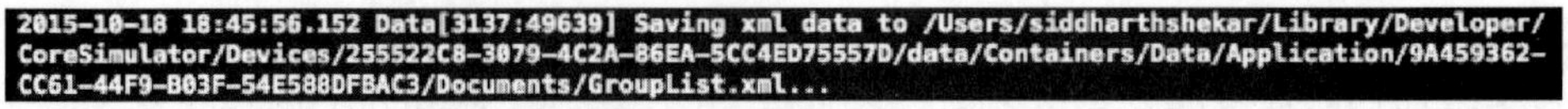

2015-10-18 18:45:56.152 Data[3137:49639] Saving xml data to /Users/siddharthshekar/Library/Developer/CoreSimulator/Devices/255522C8-3079-4C2A-86EA-5CC4ED75557D/data/Containers/Data/Application/9A459362-CC61-44F9-B03F-54E588DFBAC3/Documents/GroupList.xml...

图 7-5

图 7-6 是 XML 文件所在位置与内容的截图，从中你可以看到文件实际包含的数据。

.com.apple.mobile...nager.metadata.plist
Documents
Library
tmp
GroupList.xml
<?xml version="1.0"?><Group><Player><Name>Siddharth</Name><Level>1</Level></Player><Player><Name>Alice</Name><Level>2</Level></Player><Player><Name>Steve</Name><Level>3</Level></Player><Player><Name>Bob</Name><Level>5</Level></Player></Group>

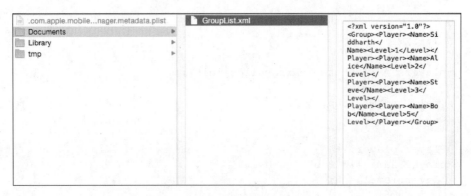

图 7-6

7.4 从 JSON 文件加载数据

JSON 是 JavaScript Object Notation 的缩写，它是一种易读的数据交互格式，是 JavaScript 编程语言的子集，应用范围非常广泛。

本部分，我们将学习如何把一个 JSON 文件导入到项目中。

7.4.1 准备工作

为了解析 JSON 数据，我们将会用到 `touchJSON` 解析器。你可以从 `https://github.com/TouchCode/TouchJSON` 下载它。下载完成之后，进入 `Source` 文件夹，把其中文件复制到项目中。在此之前，先在项目中新建一个文件夹专门用来存放这些文件会使文件组织得更好。

`data.JSON` 文件保存于本章的项目之中，我们将解析其中数据，文件内容如下：

```
{ "nodes":
  [ { "type":"spriteFile",
```

```
    "file":"tree.png",
    "position":{"x":250,"y":50},
    "scale":0.9 },

  { "type":"spriteFile",
    "file":"tree_shadow.png",
    "position":{"x":195,"y":51},
    "scale":0.9, "z":-100 },

  { "type":"spriteFile",
    "file":"cheshire_cat.png",
    "position":{"x":120,"y":70},
    "scale":0.3 },

  { "type":"spriteFile",
    "file":"actor_shadow.png",
    "position":{"x":120,"y":65},
    "scale":1.75, "z":-100 },
  ]

}
```

数据文件中包含的信息涉及 4 个文件,包括它们的类型、文件名、位置和比例。我们将读取每个文件的数据,并且把它们打印到控制台,就像我们以前做的那样。

请确保你已经把数据文件导入到项目中。把它添加到与 JSON 文件相同的文件夹中,这样一来,它们就都在相同的位置上。

此时,项目文件夹的结构如图 7-7 所示。

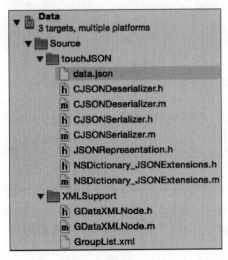

图 7-7

7.4.2 操作步骤

接下来，我们要开始解析 JSON 文件。

在 `MainScene.m` 文件顶部，我们先导入 `CJSONDeserializer.h` 文件，代码如下：

```
#import "MainScene.h"

#import "GDataXMLNode.h"
#import "CJSONDeserializer.h"
```

然后，在 `init` 函数中，紧随 XML 代码之后，添加如下代码。当然，我们必须先把 XML 代码注释掉，以便忽略它们。

```
    //** XML
    /*
    players = [[NSMutableArrayalloc]init];

    [selfloadXMLGroup];

    Player player;
    player.name = @"Bob";
    player.level = 5;

    [selfaddXMLPlayer:player];
    [selfsaveXMLGroup];
    [selfloadXMLGroup];
    */

    //** JSON

    NSString *pathName = [self JSONdataFilePath];
    NSString *jsonString = [[NSStringalloc]initWithContentsOfFile:
    pathNameencoding:NSUTF8StringEncodingerror:nil];

    NSData *jsonData = [jsonStringdataUsingEncoding:
    NSUTF8StringEncoding];

    NSError *error = nil;
    NSDictionary *dictionary = [[CJSONDeserializerdeserializer]
    deserializeAsDictionary:jsonData error:&error];

    [selfprocessJSONMap:dictionary];
```

7.4 从 JSON 文件加载数据

类似于从 XML 文档读取数据，我们要从 JSON 数据的文件名获取路径。我们先获取 JSON 数据，然后把数据添加到一个词典。最后，我们把词典传递给 processJSONMap 函数，它将把数据打印到控制台。

我们添加如下函数，用于获取路径与处理 JSON 文件。

```
/////////////// json ////////////////////

- (NSString *)JSONdataFilePath{

return [[NSBundlemainBundle] pathForResource:@"data" ofType:@"json"];

}


-(void) processJSONMap:(NSDictionary*)dict {

NSArray *nodes = [dictobjectForKey:@"nodes"];

for (id node in nodes) {

if([[node objectForKey:@"type"] isEqualToString:@"spriteFile"]){

NSLog(@"found spriteFile");

        [selfprocessSpriteFile:node];

    }

}

}
```

在上述代码中，JSONdataFilePath 函数仅用来返回指定文件的路径。

在 processJSONMap 函数中，先获取节点类型，再根据节点类型处理字典。示例中，若节点类型为 spriteFile，则调用 processSpriteFile 函数处理它。processSpriteFile 函数代码如下：

```
/* Process the 'spriteFile' type */
-(void) processSpriteFile:(NSDictionary*)nodeDict { //Init the sprite
```

```
        //** get filename
        NSString *fileName = [nodeDictobjectForKey:@"file"];



        NSLog(@"SpriteFileName: %@", fileName);

        //** get position
        NSDictionary *posDict = [nodeDictobjectForKey:@"position"];
        NSLog(@"xPos: %f, yPos: %f", [[posDictobjectForKey:@"x"]
        floatValue],
        [[posDictobjectForKey:@"y"] floatValue]);

        //** get scale
        NSLog(@"Scale: %f", [[nodeDictobjectForKey:@"scale"] floatValue]);

    }
```

7.4.3 工作原理

JSON 文件输出如图 7-8 所示。

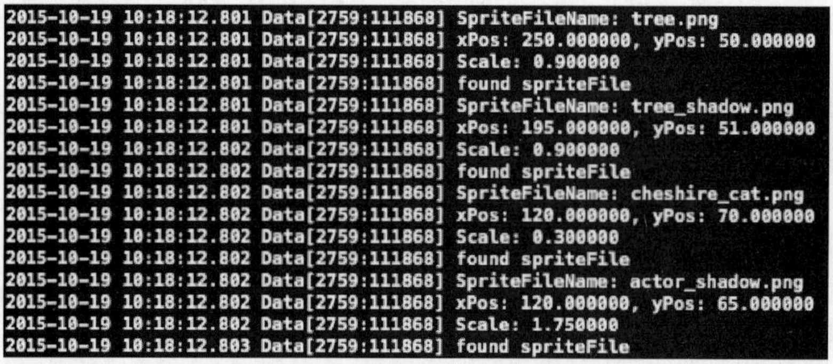

```
2015-10-19 10:18:12.801 Data[2759:111868] SpriteFileName: tree.png
2015-10-19 10:18:12.801 Data[2759:111868] xPos: 250.000000, yPos: 50.000000
2015-10-19 10:18:12.801 Data[2759:111868] Scale: 0.900000
2015-10-19 10:18:12.801 Data[2759:111868] found spriteFile
2015-10-19 10:18:12.801 Data[2759:111868] SpriteFileName: tree_shadow.png
2015-10-19 10:18:12.801 Data[2759:111868] xPos: 195.000000, yPos: 51.000000
2015-10-19 10:18:12.802 Data[2759:111868] Scale: 0.900000
2015-10-19 10:18:12.802 Data[2759:111868] found spriteFile
2015-10-19 10:18:12.802 Data[2759:111868] SpriteFileName: cheshire_cat.png
2015-10-19 10:18:12.802 Data[2759:111868] xPos: 120.000000, yPos: 70.000000
2015-10-19 10:18:12.802 Data[2759:111868] Scale: 0.300000
2015-10-19 10:18:12.802 Data[2759:111868] found spriteFile
2015-10-19 10:18:12.802 Data[2759:111868] SpriteFileName: actor_shadow.png
2015-10-19 10:18:12.802 Data[2759:111868] xPos: 120.000000, yPos: 65.000000
2015-10-19 10:18:12.802 Data[2759:111868] Scale: 1.750000
2015-10-19 10:18:12.803 Data[2759:111868] found spriteFile
```

图 7-8

7.5 从 PLIST 文件加载数据

前面提到，PLIST 是 Mac 与 iOS 特有的文件格式，可以用来存取数据，它不能用在跨平台游戏开发中。相比于其他文件格式，例如 XML、JSON 文件，PLIST 文件创建更容易，也更容易让人理解。

7.5.1 准备工作

显而易见,在学习加载 PLIST 文件之前,我们必须先有 PLIST 文件。在项目文件中存在 `scene1.plist` 与 `whackamole_template.plist` 两个文件,把它们导入项目中,并且在项目中单独创建一个组来存放它们。

对于 PLIST 文件,我们不需要为它导入其他库与文件。

PLIST 文件拥有如下类似结构:

```
{
  nodes = (
    {
      type = spriteFile;
      file = "cactus1_00.png";
      position = {
        x = 100;
        y = 100;
      };
      scale = 1;

    },
    {
      type = spriteFile;
      file = "cactus2_00.png";
      position = {
        x = 246;
        y = 262;
      };
      scale = 1;
    },
    {
      type = spriteFile;
      file = "cactus3_00.png";
      position = {
        x = 342;
        y = 124;
      };
      scale = 1;
    },
    {
      type = spriteFile;
```

```
            file = "cactus4_00.png";
            position = {
                x = 100;
                y = 200;
            };
            scale = 1;
        },
    );
}
```

当在项目中单击它时,你将会看到它采用一种不同的格式呈现出来。如图 7-9 所示,在这种格式下,向文件添加数据或者从文件删除数据都变得十分容易,因为你不需要考虑花括号、逗号,以及其他语法格式。

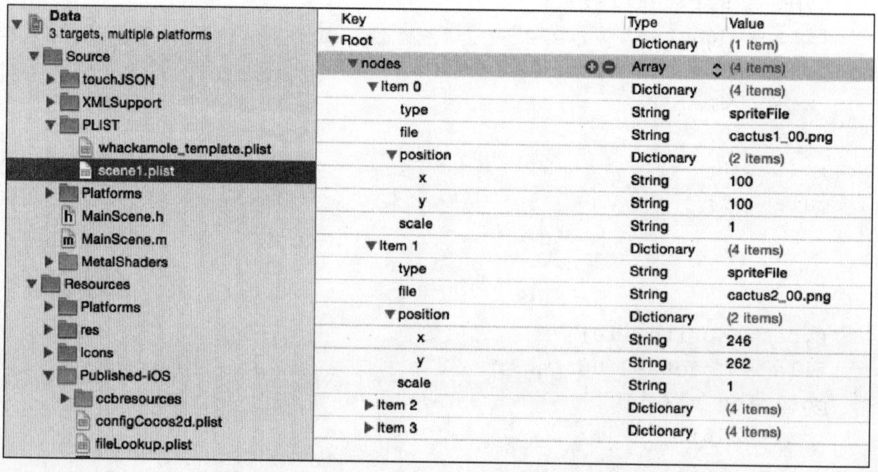

图 7-9

7.5.2 操作步骤

类似于上一次我们所做的,首先我们要传入文件名以便获取文件路径。获取文件路径之后,把数据读入并存储到一个字典中,该字典包含所有数据文件,接着处理字典,将其中数据输出到控制台。

为了导入 PLIST 文件,我们在 init 函数中添加如下代码:

```
//** loading a PLIST file
NSString *fileName = @"scene1.plist";
NSDictionary *dict = [NSDictionarydictionaryWithContentsOfFile:
```

```
getFileFromPath(fileName)];

[selfprocessPLISTMap:dict];
```

其中，`getFileFromPath` 函数完整代码如下：

```
NSString* getFileFromPath( NSString* file ){

  NSArray* path = [file componentsSeparatedByString: @"."];

  NSString* actualPath = [[NSBundlemainBundle] pathForResource: [path objectAtIndex: 0] ofType: [path objectAtIndex: 1]];

returnactualPath;

}
```

然后是 `processPLISTMap` 函数代码，如下：

```
-(void) processPLISTMap:(NSDictionary*)dict {

  NSArray *nodes = [dictobjectForKey:@"nodes"];

  for (id node in nodes) {

    if([[node objectForKey:@"type"] isEqualToString:@"spriteFile"]){

    NSLog(@"found spriteFile");

      [selfprocessSpriteFile:node];

    }

  }

}
```

类似于 JSON，`processSpriteFile` 函数将从传入函数的节点数组中获取数据。

7.5.3 工作原理

为了观看代码执行过程，运行项目，在控制台中即可看到输出的结果，如图 7-10 所示。

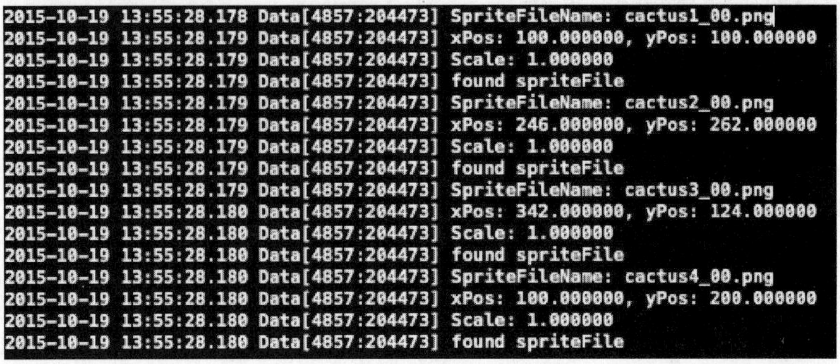

```
2015-10-19 13:55:28.178 Data[4857:204473] SpriteFileName: cactus1_00.png
2015-10-19 13:55:28.179 Data[4857:204473] xPos: 100.000000, yPos: 100.000000
2015-10-19 13:55:28.179 Data[4857:204473] Scale: 1.000000
2015-10-19 13:55:28.179 Data[4857:204473] found spriteFile
2015-10-19 13:55:28.179 Data[4857:204473] SpriteFileName: cactus2_00.png
2015-10-19 13:55:28.179 Data[4857:204473] xPos: 246.000000, yPos: 262.000000
2015-10-19 13:55:28.179 Data[4857:204473] Scale: 1.000000
2015-10-19 13:55:28.179 Data[4857:204473] found spriteFile
2015-10-19 13:55:28.179 Data[4857:204473] SpriteFileName: cactus3_00.png
2015-10-19 13:55:28.180 Data[4857:204473] xPos: 342.000000, yPos: 124.000000
2015-10-19 13:55:28.180 Data[4857:204473] Scale: 1.000000
2015-10-19 13:55:28.180 Data[4857:204473] found spriteFile
2015-10-19 13:55:28.180 Data[4857:204473] SpriteFileName: cactus4_00.png
2015-10-19 13:55:28.180 Data[4857:204473] xPos: 100.000000, yPos: 200.000000
2015-10-19 13:55:28.180 Data[4857:204473] Scale: 1.000000
2015-10-19 13:55:28.180 Data[4857:204473] found spriteFile
```

图 7-10

7.6 存储数据到 PLIST 文件

为了把数据存储到 PLIST 文件中，我们一起看一下如何创建高分表，并把玩家获得的最高分数保存起来。

7.6.1 准备工作

所有需要的文件已经准备好，前面我们已经把 whackamole_template.plist 添加到项目之中。

7.6.2 操作步骤

我们将创建 3 个函数，第一个用于加载高分，第二个用于添加高分，第三个用于删除文件中的分数。

其中，用于加载 highScore 的函数代码如下。我们创建了两个全局变量 hiScores 与 hiScore，它们分别为 NSMutableArray 类型与 int 类型。

```
//** saving to PLIST
-(void) loadHiScores {

    //** Our template and file names
    NSString *templateName = @"whackamole_template.plist";
    NSString *fileName = @"whackamole.plist";

    //** Our dictionary
```

```objc
    NSMutableDictionary *fileDict;

    //** We get our file path
    NSArray *paths = NSSearchPathForDirectoriesInDomains
    (NSDocumentDirectory, NSUserDomainMask, YES);
    NSString *documentsDirectory = [paths objectAtIndex:0];
    NSString *filePath = [documentsDirectorystringByAppending
    PathComponent:fileName];

    if(![[NSFileManagerdefaultManager] fileExistsAtPath:filePath]){
      //** If file doesn't exist in document directory create a new one
      from the template

      fileDict = [NSMutableDictionarydictionaryWithContentsOfFile:
      getFileFromPath(templateName)];

    }else{

      //** If it does we load it in the dict
      fileDict = [NSMutableDictionarydictionaryWithContentsOfFile:fileP
ath];

    }

    //** Load hi scores into our dictionary
    hiScores= [fileDictobjectForKey:@"hiscores"];

    //** Set the 'hiScore' variable (the highest score)

    for(id score in hiScores){
      intscoreNum = [[score objectForKey:@"score"] intValue];
      if(hiScore<scoreNum){

        hiScore = scoreNum;
      }
    }

    //** Write dict to file
    [fileDictwriteToFile:filePathatomically:YES];
    //** log out player names and scores
    for(id score in hiScores){

      NSMutableDictionary *scoreDict = (NSMutableDictionary*)score;
```

```
    NSLog(@"playerName: %@ , playerScore: %d",
      [scoreDictobjectForKey:@"name"],
      [[scoreDictobjectForKey:@"score"] intValue]);

  }


}
```

把 highScore 添加到 PLIST 文件的函数代码如下：

```
-(void) addHiScore {
  //** Our template and file names
  NSString *templateName = @"whackamole_template.plist";
  NSString *fileName = @"whackamole.plist";

  //** Our dictionary
  NSMutableDictionary *fileDict;

  //** We get our file path
  NSArray *paths = NSSearchPathForDirectoriesInDomains
  (NSDocumentDirectory, NSUserDomainMask, YES);
  NSString *documentsDirectory = [paths objectAtIndex:0];
  NSString *filePath = [documentsDirectorystringByAppending
  PathComponent:fileName];

  if(![[NSFileManagerdefaultManager] fileExistsAtPath:filePath]){

    //** If file doesn't exist in document directory create a new one
    from the template

    fileDict = [NSMutableDictionarydictionaryWithContents
    OfFile:getFileFromPath(templateName)];
  }else{
    //** If it does we load it in the dict
    fileDict = [NSMutableDictionarydictionaryWithContents
    OfFile:filePath];
  }

  //** Load hi scores into our dictionary
  hiScores = [fileDictobjectForKey:@"hiscores"];
```

```
//** Add hi score
boolscoreRecorded = NO;

//** Add score if player's name already exists
for(id score in hiScores){
  NSMutableDictionary *scoreDict = (NSMutableDictionary*)score;
  if([[scoreDictobjectForKey:@"name"] isEqualToString:current
  PlayerName]){
    if([[scoreDictobjectForKey:@"score"] intValue] <currentScore){
      [scoreDictsetValue:[NSNumbernumberWithInt:currentScore]
      forKey:@"score"];
    }
    scoreRecorded = YES;
  }
}

//** Add new score if player's name doesn't exist
if(!scoreRecorded){
  NSMutableDictionary *newScore = [[NSMutableDictionaryalloc] init];
  [newScoresetObject:currentPlayerNameforKey:@"name"];
  [newScoresetObject:[NSNumbernumberWithInt:currentScore]
  forKey:@"score"];

  [hiScoresaddObject:newScore];
}

//** Write dict to file
[fileDictwriteToFile:filePathatomically:YES];

//** log out player names and scores
for(id score in hiScores){

  NSMutableDictionary *scoreDict = (NSMutableDictionary*)score;

  NSLog(@"playerName: %@ , playerScore: %d",
    [scoreDictobjectForKey:@"name"],
    [[scoreDictobjectForKey:@"score"] intValue]);

  }

}
```

最后，添加用于删除文件中分数的函数，代码如下：

```
-(void) deleteHiScores {
  //** Our file name
  NSString *fileName = @"whackamole.plist";

  //** We get our file path
  NSArray *paths = NSSearchPathForDirectoriesInDomains
  (NSDocumentDirectory, NSUserDomainMask, YES);
  NSString *documentsDirectory = [paths objectAtIndex:0];
  NSString *filePath = [documentsDirectorystringByAppendingPath
  Component:fileName];

  //** Delete our file
  [[NSFileManagerdefaultManager] removeItemAtPath:filePatherror:nil];

  NSLog(@"Hi scores deleted!");

  hiScore = 0;
  [selfloadHiScores];
}
```

7.6.3 工作原理

为了让代码工作起来，我们在 `init` 函数中添加如下代码：

```
//** saving data into a PLIST
[selfloadHiScores];

currentPlayerName = @"siddharth";
currentScore = 24;

[selfaddHiScore];
[selfloadHiScores];


[selfdeleteHiScores];
```

首先，我们从 PLIST 文件中加载游戏高分。

其次，我们创建两个全局变量 `currentPlayerName` 与 `currentScore`，它们分别为 `NSString` 类型与 `int` 类型。

再次，我们新建一个玩家名与 `highScore` 变量。再把数据添加到 PLIST，然后再次加载它，确保修改已经保存下来。

最后，我们删除文件中的分数，如图 7-11 所示。

```
2015-10-19 14:32:19.354 Data[5910:261357] [loadHighScore] playerName: Player1 , playerScore: 0
2015-10-19 14:32:19.357 Data[5910:261357] [addHighScore] playerName: Player1 , playerScore: 0
2015-10-19 14:32:19.357 Data[5910:261357] [addHighScore] playerName: siddharth , playerScore: 24
2015-10-19 14:32:19.366 Data[5910:261357] [loadHighScore] playerName: Player1 , playerScore: 0
2015-10-19 14:32:19.366 Data[5910:261357] [loadHighScore] playerName: siddharth , playerScore: 24
2015-10-19 14:32:19.367 Data[5910:261357] Hi scores deleted!
2015-10-19 14:32:19.373 Data[5910:261357] [loadHighScore] playerName: Player1 , playerScore: 0
```

图 7-11

由于 PLIST 示例文件中已经有一个 name 与 score，它将随我们添加到 PLIST 中的新数据一起被添加上。

7.7 使用 NSUserDefaults

NSUserDefaults 是存储游戏分数、当前级别等基本信息的简单方式，对于这类比较短小的信息使用 NSUserDefaults 存取会十分方便。所有你需要做的是在存储数据时提供键与值。随后，当你读取数据时，你只需给出键，与之相应的数据就会取到。

下面让我们看一下如何使用它。

7.7.1 操作步骤

假如我们要存储游戏高分值，需要添加如下代码：

```
intcurrentHighScore = 24;

[[NSUserDefaultsstandardUserDefaults] setInteger:currentHighScoreforKey:
@"highScore_key"];
[[NSUserDefaultsstandardUserDefaults] synchronize];
```

同步化是非常重要的。如果同步做的不好，那么当我们关闭应用程序，然后再次打开它时，原来的数据就会丢失。为了把数据存储到设备，最佳做法是调用 synchronize。

若想从 NSUserDefaults 获取信息，则需要使用如下代码：

```
int score = [[NSUserDefaultsstandardUserDefaults] integerForKey:
@"highScore_key"];

NSLog(@"[NSUSERDefaults] Score: %d", score);
```

7.7.2 工作原理

如果没有注释掉"NSLog(@"[NSUSERDefaults] Score: %d", score);"这条语句,在控制台中你将看到输出如图 7-12 所示。

```
2015-10-19 14:47:01.802 Data[6294:283261] [NSUSERDefault] Score: 24
```

图 7-12

上述语句只是把存储在 highScore_key 键中的当前值打印输出。

使用 NSUserDefaults,不仅可以存储 integer 类型的数据,还可以存储 Boolean、double、float 类型的数据(见图 7-13)。

```
void setBool:(BOOL) forKey:(NSString *)
void setDouble:(double) forKey:(NSString *)
void setFloat:(float) forKey:(NSString *)
void setInteger:(NSInteger) forKey:(NSString *)
```

图 7-13

并且,它们也存在相应的读取函数,用来获取相应的存储值。

第 8 章 效果

本章涵盖主题如下：

- CCEffects
- 添加玻璃效果
- 添加拖尾效果
- 添加粒子效果
- 添加 2D 照明

8.1 内容简介

在 Cocos2d 中，之所以能够轻松地制作出酷炫的游戏，主要是因为你可以毫不费力地向游戏中添加各种效果，例如拖尾效果、粒子效果等。除此之外，Cocos2d 也内置了一些基本效果，若不使用着色器，你将很难创建出这些效果。

虽然本书不会讲解着色器，但是各位最好先搞明白使用着色器都能干什么，这部分可是一时半会儿难以讲明白的。

在本章中，我们主要学习 Cocos2d 提供的基本效果，也会讨论如何向游戏中添加拖尾效果、粒子效果等特殊效果。最后，作为本章的结尾，我们还要学习如何把动态 2D 照明添加到游戏中。

8.2 CCEffects

在本部分中，我们将学习在 Cocos2d 中如何使用 CCEffects 类实现不同的效果。

8.2.1 准备工作

资源文件夹中包含本章所需的所有资源，请在 Finder 中把它们导入到 iOS-Published 文件夹中。

我为本章新建了一个项目。如果你也新建了一个项目，请记得对项目做一些更改，适应本章学习的需要。

8.2.2 操作步骤

当我们创建好项目之后，在 MainScene.h 文件中添加如下代码：

```
@interface MainScene : CCNode{
    CCSprite* hero;
}
+(CCScene*)scene;
@end
```

在上述代码中，我们把 hero 声明为一个全局变量，其他变量保持不变。

接着，在 MainScene.m 文件中，添加如下代码：

```
#import "MainScene.h"
@implementation MainScene
+(CCScene*)scene{
    return[[self alloc]init];
}
-(id)init{

    CCLog(@" **** init **** ");
    if(self = [super init]){
        CGSize winSize = [[CCDirector sharedDirector]viewSize];
        self.contentSize = winSize;
```

```
//Basic CCSprite - Background Image
CCSprite* backgroundImage = [CCSprite spriteWithImageNamed:
@"Bg.png"];
backgroundImage.position = CGPointMake(winSize.width/2,
winSize.height/2);
[self addChild:backgroundImage];

//hero sprite
hero = [CCSprite spriteWithImageNamed:@"hero.png"];
hero.position = CGPointMake(winSize.width/4, winSize.height/2);
[self addChild:hero];

[return self]

    }

}

@end
```

在上述代码中,我们只是向场景中添加了背景与英雄图像。

接下来,我们将向场景中添加各种效果。图 8-1 呈现的是尚未添加任何效果的场景。

图 8-1

接下来，让我们一起添加效果。

添加泛光效果

为了添加泛光效果，在添加英雄的代码之后，添加如下代码：

```
hero.effect = [CCEffectBloom
effectWithBlurRadius:2
intensity: 0.5f
luminanceThreshold: 0.5f];
```

图 8-2 是代码执行效果。

图 8-2

通过更改 BlurRadius、intensity、luminanceThreshold 的值，我们也可以控制泛光的数量。

接下来，让我们添加模糊效果（BlurEffect）。

添加模糊效果

我们使用如下代码向人物添加模糊效果：

`hero.effect = [CCEffectBlur effectWithBlurRadius:2];`

以上就是全部代码。你只需传入模糊半径，即可把模糊效果添加到人物精灵上，如图 8-3 所示。

图 8-3

添加明度效果

如果图像太暗（见图 8-4），那么你可以使用明度效果调整图像亮度。若想向图像添加明度效果，请使用如下代码：

`hero.effect = [CCEffectBrightness effectWithBrightness:0.5f];`

在上述代码中，亮度值设置得显然有点太高了，这可以通过修改 `effectWithBrightness` 的参数值进行调整。

图 8-4

添加投影效果

我们也可以使用 CCEffect 为人物添加投影效果,代码如下:

```
hero.effect = [CCEffectDropShadow effectWithShadow
Offset:GLKVector2Make(0.5f, 0.5f)
  shadowColor: [[CCColor alloc]initWithRed:1.0f
  green:0.0f
  blue:0.0f]
  blurRadius: 1];
```

第一个参数为 ShadowOffset,它用来控制投影相对于英雄精灵锚点有多远。

第二个参数是投影颜色,最后一个参数为模糊半径。代码运行结果如图 8-5 所示。

添加像素化效果

类似于添加其他效果,添加像素化效果也非常简单。我们使用如下代码,向人物添加像素化效果,使它看上去好像是一个来自于 8 位时代的人物,如图 8-6 所示。

```
hero.effect = [CCEffectPixellate effectWithBlockSize:2.0f];
```

图 8-5

图 8-6

添加叠加效果

在 Cocos2d 中，我们也可以把多种效果叠加起来，应用到一个对象上。也就是说，我们可以添加多种效果，并把它们拼合在一起作为一个独立的效果，如图 8-7 所示。代码如下：

```
CCEffectBloom* bloomEffect = [CCEffectBloom effectWith
BlurRadius:2 intensity: 0.5f luminanceThreshold: 0.5f];

CCEffectBlur* blurEffect = [CCEffectBlur effectWith
BlurRadius:2];

CCEffectStack* stackEffect = [CCEffectStack effects:bloomEffect,
    blurEffect,nil];

hero.effect = stackEffect;
```

图 8-7

8.2.3 工作原理

下面是一些简单的效果，它们可以通过 CCEffects 类实现。在 Cocos2d 中可以使用的一些效果罗列如下：

- Bloom（泛光）

- Blur（模糊）
- Brightness（明度）
- ColorChannelOffset（颜色通道偏移）
- Contrast（对比度）
- DropShadow（投影）
- Hue（色相）
- Pixelate（像素化）
- Reflection（倒影）
- Refraction（折射）
- Saturation（饱和度）
- Stack（叠加）

8.3 添加玻璃效果

下面我们将学习如何添加更复杂一些的效果。

8.3.1 准备工作

为了添加玻璃效果，首先，我们需要向项目中添加玻璃图像，以及一张正常的玻璃图像贴图。

8.3.2 操作步骤

首先，我们向场景中添加玻璃精灵，代码如下：

```
//crystal sprite

CCSprite* crystal = [CCSprite spriteWithImageNamed:@"granite_DIF.png"];

crystal.position = CGPointMake(winSize.width/2, winSize.height/2);

[self addChild:crystal];
```

```
crystal.normalMapSpriteFrame = [CCSpriteFrame frameWithImageNamed:
@"granite_NRM.jpg"];
```

添加好玻璃精灵之后，我们就可以继续创建玻璃效果了。使用如下代码，创建玻璃效果。

```
//** Glass effect
CCEffectGlass* glassEffect = [CCEffectGlass
  effectWithShininess:1.0f

  refraction:1.0f
  refractionEnvironment:backgroundImage
  reflectionEnvironment:backgroundImage];

crystal.effect = glassEffect;
```

在创建玻璃效果时，我们要传入 Shininess、refraction 两个参数，还要传入玻璃效果影响的图像。示例中，我们向背景图像应用 reflection 与 refraction。

最后，我们把效果添加到 crystal 的 `effect` 属性。

8.3.3 工作原理

运行应用程序，观察玻璃效果对背景图像的影响，如图 8-8 所示。

图 8-8

8.4 添加拖尾效果

目前，拖尾效果是游戏中常见的效果，并且它也很容易实现。

8.4.1 准备工作

不需要做额外准备工作。

8.4.2 操作步骤

为了添加拖尾效果，首先，我们需要向 MainScene.h 文件添加如下代码。我们需要一个全局的 MotionStreak 对象，也需要用到 update 函数，以便让拖尾效果跟随英雄。

所以，MainScene.h 文件应该是以下这个样子。

```
@interface MainScene : CCNode{

  CCSprite* hero;

  CCMotionStreak* streak;
}

+(CCScene*)scene;
- (void)update:(CCTime)delta;

@end
```

接着，在 MainScene.m 文件中，添加如下代码，开启触摸功能，而后添加触摸相关函数，最后更新函数。

```
- (void)onEnter {
  [super onEnter];

  self.userInteractionEnabled = YES;
}

- (void)onExit {
  [super onExit];

  self.userInteractionEnabled = NO;
```

```
}

// update and touches function

- (void)update:(CCTime)delta{

    [streak setPosition:hero.position];
}


- (void)touchBegan:(CCTouch *)touch withEvent:(CCTouchEvent *)event{
    // touch moved only works with touchBegan present

}


- (void)touchMoved:(CCTouch *)touch withEvent:(CCTouchEvent *)event{
    CGPoint touchLocation = [touch locationInNode:self];
    hero.position = touchLocation;

}

- (void)touchEnded:(CCTouch *)touch withEvent:(CCTouchEvent *)event {

}
```

当编写完上面代码之后，我们使用如下代码把拖尾效果添加到英雄人物上。

```
streak = [CCMotionStreak streakWithFade:1.0f
    minSeg:10
    width:20.0f
    color:[CCColor colorWithRed:1.0f green:1.0f blue:1.0f]
    textureFilename:@"hero.png"];
[self addChild:streak];
```

在上述代码中，我们传入了片段的最小值、拖尾宽度、颜色，以及效果所使用的图像纹理。最后，我们把拖尾效果添加到场景中。

8.4.3 工作原理

此时，当你移动人物角色时，将看到一个拖尾图像出现在人物经过的地方，跟随着人物，如图 8-9 所示。

图 8-9

请注意,拖尾效果是唯一一个可以被直接添加到场景中的效果,这与其他效果不同,其他效果只能被指派给精灵的 `effect` 属性。

8.5 添加粒子效果

你也可以使用几行代码向游戏中添加粒子效果。

8.5.1 准备工作

为了创建粒子效果,首先,我们需要导入效果中要用到的所有图像文件。在本示例中,需要用到 `fire.png` 图像文件,把它导入到项目中。

8.5.2 操作步骤

为了向项目中添加粒子效果,在 `MainScene.m` 文件中,在 `init` 函数的尾部添加如下代码:

```
CCParticleFire* fire = [[CCParticleFire alloc]initWith
TotalParticles:20];

fire.position = CGPointMake(winSize.width/2, winSize.
height/2);

[self addChild:fire];
```

在上述代码中，我们创建了一个火焰效果，也就是说，使用 CCParticleFire 创建了粒子系统。在初始化粒子系统时，我们需要传入用来初始化的粒子数量。

接着，我们把粒子系统设置到屏幕中间，最后，再把粒子系统添加到场景中。

8.5.3 工作原理

编译并运行项目，观察添加到场景中的粒子效果，如图 8-10 所示。

图 8-10

火焰粒子系统只是一个例子。在 Cocos2d 中有很多粒子类型可供我们使用。图 8-11 显示了 Cocos2d 中我们可以使用的不同类型的粒子。

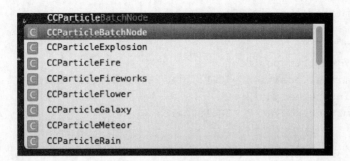

图 8-11

8.5.4 更多内容

你也可以根据自身需要调整粒子效果的不同属性。以下代码显示了我们可以根据自身需要灵活进行调整的不同参数。

```
CCParticleSystem *emitter = [[CCParticleSystem alloc]
initWithTotalParticles:20];
emitter.texture = [CCTexture textureWithFile:@"hero.png"];

// duration
emitter.duration = CCParticleSystemDurationInfinity;

// Gravity Mode: gravity
emitter.gravity = CGPointZero;

// Set "Gravity" mode (default one)
emitter.emitterMode = CCParticleSystemModeGravity;

// Gravity Mode: speed of particles
emitter.speed = 160;
emitter.speedVar = 20;

// Gravity Mode: radial
emitter.radialAccel = -120;
emitter.radialAccelVar = 0;

// Gravity Mode: tangential
emitter.tangentialAccel = 30;
emitter.tangentialAccelVar = 0;

// angle
```

```
emitter.angle = 90;
emitter.angleVar = 360;

// emitter position
emitter.position = CGPointMake(winSize.width/2,
winSize.height/2);
emitter.posVar = CGPointZero;

// life of particles
emitter.life = 4;
emitter.lifeVar = 1;

// spin of particles
emitter.startSpin = 0;
emitter.startSpinVar = 0;
emitter.endSpin = 0;
emitter.endSpinVar = 0;

// color of particles
emitter.startColor = [CCColor colorWithRed:0.5 green:0.5
blue:0.5 alpha:1];
emitter.startColorVar = [CCColor colorWithRed:0.5 green:0.5
blue:0.5 alpha:1];
emitter.endColor = [CCColor colorWithRed:0.1 green:0.1 blue:0.1
alpha:0.2];
emitter.endColorVar = [CCColor colorWithRed:0.1 green:0.1
blue:0.1 alpha:0.2];

// size, in pixels
emitter.startSize = 80.0f;
emitter.startSizeVar = 40.0f;
emitter.endSize = CCParticleSystemStartSizeEqualToEndSize;

// emits per second
emitter.emissionRate = emitter.totalParticles/emitter.life;

// additive
emitter.blendAdditive = YES;

[self addChild:emitter];
```

图 8-12 展现的是第二个粒子系统的输出结果。

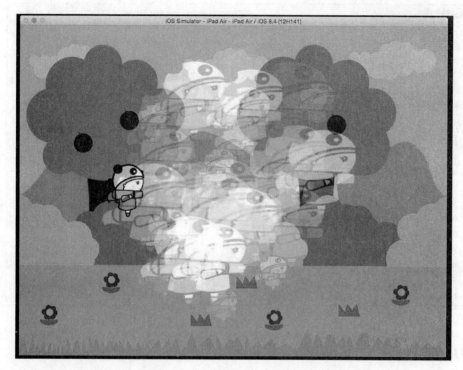

图 8-12

8.6 添加 2D 照明

SpriteBuilder 项目使用一个老版本的 Cocos2d-ObjC 项目。因此，为了添加 2D 照明，让我们先学习一下如何从 GitHub 下载最新版本的 Cocos2d-ObjC，并使用它创建项目。

同样的代码能够在使用 SpriteBuilder 创建的项目中正常工作。然而，在此情形之下，我们需要保证对代码做了适当的修改，让 MainScene 成为 CCScene 的子类，而非 CCNode 的子类。

8.6.1 准备工作

首先，从 GitHub 下载 Cocos2d-ObjC，地址如下：

https://github.com/cocos2d/cocos2d-objc

如图 8-13 所示，单击 "Download ZIP" 按钮，下载 ZIP 文件。

242　第 8 章　效果

图 8-13

下载完成后，将文件解压缩到桌面。

接下来，打开一个终端，转到解压缩文件夹中，然后输入一个命令用来运行一段脚本，使得我们可以使用 Xcode 创建 Cocos2d 3.0 项目。

打开终端后，输入如下命令：

```
./install.sh -i
```

命令运行后，将下载必需库，并安装 Cocos2d 3.0 Xcode 模板，如图 8-14 所示。

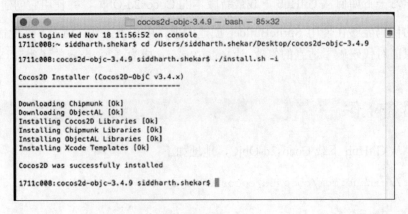

图 8-14

现在，如果你打开 Xcode，将会看到新增的一个创建 Cocos2d 3.0 项目的选项，如图 8-15 所示。

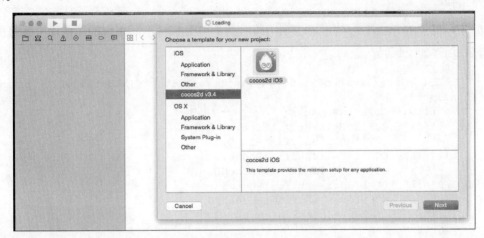

图 8-15

根据自身方便，选择创建新项目的位置。然后，转到目标文件夹中，双击项目文件，将项目打开。

你将看到项目文件夹的结构，它与使用 SpriteBuilder 创建的项目文件夹的结构不同。其中不存在 `MainScene.h` 和 `MainScene.m` 文件，取而代之的是 `HelloWorldScene.h` 和 `HelloWorldScene.m` 文件，如图 8-16 所示。

图 8-16

如果你正把代码从 `MainScene.h` 与 `MainScene.m` SpriteBuilder 项目复制到 `HelloWorldScene.h` 和 `HelloWorldScene.m` 文件中，请不要惊慌！这些代码不用修改就可以正常工作。

好吧，这也不完全对。如果你使用 GitHub 源创建项目，这些图像必须打上不同标签才能正常工作。

如果你打开 `AppDelegate.m` 文件，将看到那些为来自不同平台的图像而准备好的后缀。然后运行如下代码：

```
[CCFileUtils sharedFileUtils].suffixesDict = [[NSMutableDictionary alloc]
   initWithObjectsAndKeys:
   @"-2x", CCFileUtilsSuffixiPad,
   @"-4x", CCFileUtilsSuffixiPadHD,
   @"-1x", CCFileUtilsSuffixiPhone,
   @"-1x", CCFileUtilsSuffixiPhoneHD,
   @"-1x", CCFileUtilsSuffixiPhone5,
   @"-2x", CCFileUtilsSuffixiPhone5HD,
   @"",    CCFileUtilsSuffixDefault,
   nil];
```

在项目文件中，对图像文件进行重命名，以使它们拥有合适的后缀，如图 8-17 所示。

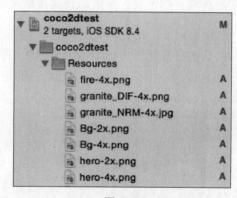

图 8-17

8.6.2 操作步骤

至此，所有相关工作已经完成。接下来，我们向 `HelloWorldScene.m` 文件的 `init` 函数添加如下代码，让照明效果生效。

```
CCLightNode* _lightNode = [CCLightNode lightWithType:CCLightPoint
   groups:nil
   color:[CCColor colorWithRed:1.0f green:1.0f blue:1.0f]
   intensity:0.5f
   specularColor:[CCColor colorWithRed:1.0f green:1.0f blue:1.0f]
   pecularIntensity:0.5f
```

```
    ambientColor:[CCColor colorWithRed:1.0f green:1.0f blue:1.0f]
    ambientIntensity:0.5f];

    [self addChild:_lightNode];
```

并且，添加如下代码，确保已经把 hero 精灵与背景精灵添加到场景中。

```
    //Basic CCSprite - Background Image
CCSprite* backgroundImage = [CCSprite spriteWithImageNamed:
    @"Bg.png"];
    backgroundImage.position = CGPointMake(winSize.width/2,
    winSize.height/2);
    [self addChild:backgroundImage];

    //hero sprite
    hero = [CCSprite spriteWithImageNamed:@"hero.png"];
    hero.position = CGPointMake(winSize.width/4, winSize.height/2);
    [self addChild:hero];
```

8.6.3　工作原理

编译并运行项目，观看添加的照明效果是否正常工作，如图 8-18 所示。

图 8-18

8.6.4 更多内容

为了观察其他代码与效果能否正常工作，我们像下面这样修改 HelloWorldScene.h 和 HelloWorldScene.m 文件。

首先，向 HelloWorldScene.h 文件添加如下代码：

```
//HelloWorldScene.h

#import <Foundation/Foundation.h>
#import "cocos2d.h"
#import "cocos2d-ui.h"

// ---------------------------------------------------------------------

@interface HelloWorldScene : CCScene{


    CCSprite* hero;
    CCMotionStreak* streak;

}

// ---------------------------------------------------------------------

- (instancetype)init;
- (void)update:(CCTime)delta;
// ---------------------------------------------------------------------

@end
```

接着，向 HelloWorldScene.m 文件添加如下代码。代码中，我们先要导入 CCEffect Lighting 头文件，因为它是必需的。

```
// HelloWorldScene.m

// ---------------------------------------------------------------------

#import "HelloWorldScene.h"
```

```objc
#import "CCEffectLighting.h"

// -----------------------------------------------------------------

@implementation HelloWorldScene

// -----------------------------------------------------------------

- (void)onEnter {

    [super onEnter];
    self.userInteractionEnabled = YES;

}

- (void)onExit {

    [super onExit];
    self.userInteractionEnabled = NO;
}
```

在 init 函数中,使用如下代码添加背景图像、hero、玻璃图像和效果。

```objc
- (id)init
{
    // Apple recommend assigning self with supers return value
    self = [super init];

    // The thing is, that if this fails, your app will 99.99% crash
    anyways, so why bother
    // Just make an assert, so that you can catch it in debug
    NSAssert(self, @"Whoops");

    // Background

    /*
    CCSprite9Slice *background = [CCSprite9Slice spriteWithImageNamed:
    @"white_square.png"];
    background.anchorPoint = CGPointZero;
    background.contentSize = [CCDirector sharedDirector].viewSize;
```

```objc
    background.color = [CCColor grayColor];
    [self addChild:background];
    */
    // The standard Hello World text
    CCLabelTTF *label = [CCLabelTTF labelWithString:@"Hello World"
    fontName:@"ArialMT" fontSize:64];
    label.positionType = CCPositionTypeNormalized;
    label.position = (CGPoint){0.5, 0.5};
    [self addChild:label];



    CGSize winSize = [[CCDirector sharedDirector]viewSize];
    CGPoint center = CGPointMake(winSize.width/2, winSize.height/2);

    //self.contentSize = winSize;

    //Basic CCSprite - Background Image
    CCSprite* backgroundImage = [CCSprite spriteWithImageNamed:@"Bg.png"];
    backgroundImage.position = CGPointMake(winSize.width/2, winSize.height/2);
    [self addChild:backgroundImage];

    //hero sprite
    hero = [CCSprite spriteWithImageNamed:@"hero.png"];
    hero.position = CGPointMake(winSize.width/4, winSize.height/2);
    [self addChild:hero];




    //crystal sprite
    CCSprite* crystal = [CCSprite spriteWithImageNamed:
    @"granite_DIF.png"];
    crystal.position = CGPointMake(winSize.width/2, winSize.height/2);
    [self addChild:crystal];
    crystal.normalMapSpriteFrame = [CCSpriteFrame frameWithImageNamed:
    @"granite_NRM.jpg"];

    //bloom, blur, brightness, ColorChannelOffset, Contrast, DropShadow
    //Hue, lighting, pixelate, reflection, refraction, saturation, Stack

    //** bloom
    //hero.effect = [CCEffectBloom effectWithBlurRadius:2 intensity:
```

```
0.5f
   luminanceThreshold: 0.5f];

   //** blur
   //hero.effect = [CCEffectBlur effectWithBlurRadius:2];

   //** brightness
   //hero.effect = [CCEffectBrightness effectWithBrightness:0.5f];

   //** dropshadow
   hero.effect = [CCEffectDropShadow effectWithShadowOffset:
   GLKVector2Make(0.5f, 0.5f)
      shadowColor: [[CCColor alloc]initWithRed:1.0f green:0.0f
blue:0.0f]
      blurRadius: 1];

   //** pixellate -
   //hero.effect = [CCEffectPixellate effectWithBlockSize:2.0f];



   //** Glass effect

   CCEffectGlass* glassEffect = [CCEffectGlass effectWithShininess:1.0f
      refraction:1.0f
      refractionEnvironment:backgroundImage
   reflectionEnvironment:backgroundImage];

   crystal.effect = glassEffect;



   CCLightNode* _lightNode = [CCLightNode lightWithType:CCLightPoint
      groups:nil
      color:[CCColor colorWithRed:1.0f green:1.0f blue:1.0f]
      intensity:0.5f
      specularColor:[CCColor colorWithRed:1.0f green:1.0f blue:1.0f]
      specularIntensity:0.5f
      ambientColor:[CCColor colorWithRed:1.0f green:1.0f blue:1.0f]
      ambientIntensity:0.5f];

   [self addChild:_lightNode];

   _lightNode.position = CGPointMake(winSize.width/4,
```

```
    winSize.height/2);

    hero.effect = [CCEffectLighting effectWithGroups:nil
      specularColor:[CCColor colorWithRed:1.0f green:1.0f blue:1.0f]
      shininess:1.0f];


    //** Motion Streak
    streak = [CCMotionStreak streakWithFade:1.0f
      minSeg:20
      width:10.0f
      color:[CCColor colorWithRed:1.0f green:1.0f blue:1.0f]
      textureFilename:@"hero.png"];
    [self addChild:streak];


    CCParticleFire* fire = [[CCParticleFire alloc]initWithTotal
    Particles:20];
    fire.position = CGPointMake(winSize.width * 3/4, winSize.height/2);
    [self addChild:fire];

    // done
    return self;
}
```

在 update 函数中,把拖尾效果设置到与 hero 相同的位置上,代码如下:

```
- (void)update:(CCTime)delta{

    CCLOG(@"update");

    [streak setPosition:hero.position];
}
```

最后,在 touches 函数中,我们把 hero 的位置设置为触摸位置,代码如下:

```
- (void)touchBegan:(CCTouch *)touch withEvent:(CCTouchEvent *)event
{
    // touch moved only works with touchBegan present
}


- (void)touchMoved:(CCTouch *)touch withEvent:(CCTouchEvent *)event
```

```objc
{
    CGPoint touchLocation = [touch locationInNode:self];
    
    // set positions for light and emitters
    hero.position = touchLocation;
}

- (void)touchEnded:(CCTouch *)touch withEvent:(CCTouchEvent *)event
{
    
}

// ---------------------------------------------------------------------

@end
```

第 9 章
游戏开发辅助工具

本章涵盖主题如下：

- Glyph Designer
- 粒子系统
- TextPacker
- PhysicsEditor

9.1 内容简介

本章我们将讨论如何使用专业工具使游戏开发过程变得更简单一些。我们先学习 Glyph Designer 的使用方法，它能够让我们使用位图字体代替真实字体类型，并且使用时要考虑这些字体之间的不同。接着，我们将学习 Particle Designer，它能够帮助我们创建出令人震撼的粒子效果，并提供友好的图形用户界面（GUI），使创建与编辑粒子效果更简单。

接下来，我们将学习 TexturePacker 的用法，它是一个专业的工具，让我们把图像打包在一起，这样可以把一个特殊场景或动画中的所有图像一次性加载进来。

最后，我们将学习 PhysicsEditor 工具，它允许我们以一种非常简单地方式创建物理对象。

所有这些工具都拥有非常棒的图形用户界面，它们能够让创建、编辑对象变得简单、有趣。

9.2 Glyph Designer

Glyph Designer 是一款用来创建游戏中所用字体的应用程序。但是，我们不是已经有 CCLabel 了吗？是的，但是 CCLabel 要从系统获取字体，并在运行时把字体文件转换为图像，然后在屏幕上显示出来。也就是说，每当增加分数时，就需要系统把字体转换为图像，然后在屏幕上显示出来。

虽然你可以使用系统字体，但是对于规模较大的游戏而言，使用位图字体会更好。在这些位图字体中，字母与数字都已经被转换成了图像，而不必每次都转换它们。使用 Glyph Designer，我们能创建出位图字体，并在游戏在使用它们，使游戏更优化。

位图字体类似于精灵表单（spritesheet），其中有一张包含所有字母、数字、符号的图像。该图像文件带有一个数据文件，其中包含各种符号、字母的位置和大小。每当需要把一个字母显示在屏幕上时，就会根据数据文件获取字母的位置，然后显示在屏幕上。

9.2.1 准备工作

从 https://71squared.com/glyphdesigner 下载 Glyph Designer 试用版，如图 9-1 所示。

图 9-1

下载完成后，打开它，将创建一个名为 untitled 的项目。在左侧面板中，你将看到当前系统中已经安装好的所有字体的列表。中间区域显示要创建文件的精灵表单，它是一个预览窗口，根据所做的修改它会动态发生变化。

当你在左侧面板中选择要调整的字体后，可以在右侧面板中对字体做修改，你对字体的大部分修改都发生在右侧面板中。在右侧面板中，我们将看到如下标题，如图 9-2 所示。

- **Glyph Info**
- **Texture Atlas**
- **Glyph Fill**
- **Glyph Stroke**
- **Glyph Shadow**
- **Included Glyphs**

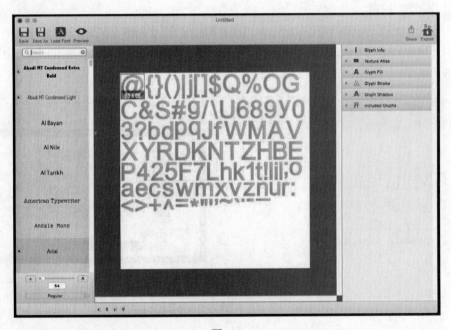

图 9-2

在使用 Glyph Designer 创建位图字体时，主要用到 Glyph Fill、Glyph Stroke、Glyph Shadow 几个子面板。

- **Glyph Fill**：选择填充类型，可以是 Solid、Gradient、Image。最基本的是在这里你可以选择字体颜色。
- **Glyph Stroke**：为字体创建描边效果，并且可以选择描边颜色和粗细。
- **Glyph Shadow**：选择投影颜色与方向，有两种投影类型供你选择，分别为 inner、outer。投影效果将使字体拥有立体效果。

当我们对字体修改完成后，单击 Export 按钮，`Export type` 选择为 .fnt，你可以从下拉菜单中选择 fnt 格式，如图 9-3 所示。

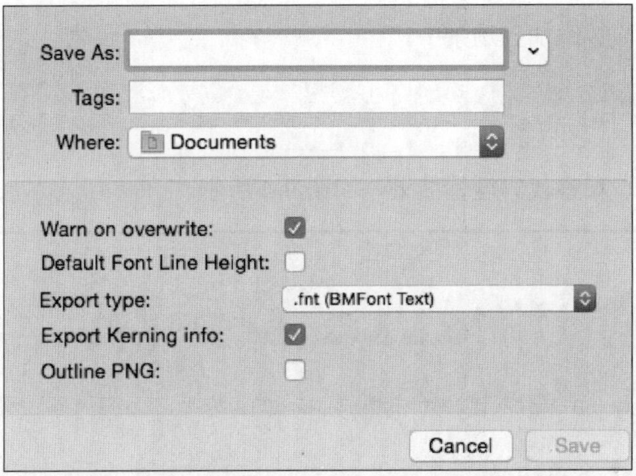

图 9-3

请确保已经在 Export type 中选择了 .fnt。这将创建一个后缀为 .png 的文件，其中包含所有文字与符号，还会创建一个 .fnt 文件，它是与字体相关的数据文件。

我把文件命名为 `pixrlfont`，所以带有扩展名的完整名称为 `pixelfont.fnt`。

然后，我们把 .png 文件夹和 .fnt 文件一起拖入到项目中。

接下来，我们将在游戏中使用刚刚创建好的位图字体。

9.2.2 操作步骤

在 init 函数中，把 Bg 图像添加到场景的代码之后，添加如下代码：

```
CCLabelBMFont* label = [CCLabelBMFontlabelWithString:@" Hello World"
  fntFile:@"PixelFont.fnt"];
```

```
label.position = CGPointMake(winSize.width * 0.5, winSize.height *
0.9);
[selfaddChild:label];
```

以上就是在游戏中使用位图字体的全部代码。在上述代码中，我们使用了 `CCLabelBMFont` 类，并用想在屏幕上显示的文本进行初始化，示例中是"Hello World"，然后指定要使用的字体名称。

接下来，我们把标签设置在屏幕居中偏上的位置上（横坐标为宽度的一半，纵坐标为高度的90%）。

最后，我们把标签添加到场景中。

9.2.3 工作原理

运行应用程序，观察代码运行结果，如图9-4所示。

图 9-4

9.3 粒子系统

粒子系统是指一系列精灵或粒子的集合。每个粒子系统都有一个粒子发射器，它用来创建粒子。粒子系统也决定着系统中粒子的行为。因此，也可以说，粒子是用来创建粒子系统的最小实体。

一个非常简单的粒子系统的例子是雨（Rain）。雨是一个粒子系统，每个雨滴就是一个粒子，云有很多发射器，用来创建雨滴（粒子）。

我们将创建一个粒子系统，而非只创建个别粒子。因为借助粒子系统，我们能使用相同的粒子创建出不同的效果。例如，我们刚提到过的雨，它就是一个粒子系统。但是，如果我们想要另外一种效果呢，例如从水龙头流出的水流。这里的粒子是一样的，都是水滴，但是雨滴表现出不同的行为特征。而当水从水龙头滴下时，每个水滴都受到一个力的作用，并且需要使用单独的发射器（水龙头排水口）进行创建。所以，我们可以修改粒子系统，使之有一个发射器，并且赋予粒子向下的初始作用力。采用这种方式，我们可以让相同粒子表现出不同的行为，而不必重新编写代码创建新的粒子系统。

在 SpriteKit 中，与其他框架一样，每个粒子都是一个图像，可以被拥有一个或多个发射器的粒子系统控制。发射器控制着粒子系统中粒子的产生、运动及消亡。

9.3.1 准备工作

为了渲染粒子系统，需要先创建一个 `.plist` 文件，它可以拥有任何大小的粒子系统，允许整个粒子系统进行旋转与缩放。

我们可以使用 Particle Designer 或 Particle2dx 设计这些粒子，接下来，我们将学习如何使用这两种工具。

Particle Designer

Particle Designer 是一个专业的粒子设计工具，它仅支持 MAC 系统。你可以从 `http://71squared.com` 下载试用版本。前面介绍的用来创建位图字体的 Glyph Designer 工具也是这一家公司的产品。有很多公司使用 Particle Designer 工具，其中包括 EA、Disney、Zynga 等著名的游戏公司。

安装好 Particle Designer 之后，打开它。图 9-5 是我在为游戏创建 `jetBoost` 粒子系统时的屏幕截图。

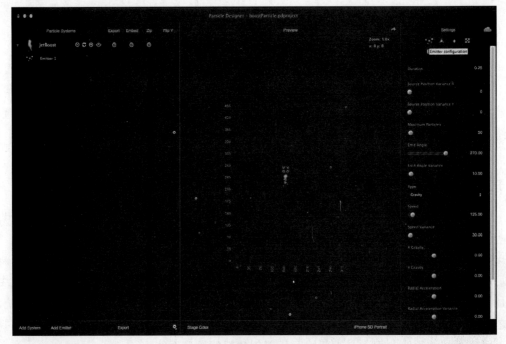

图 9-5

左侧面板显示不同的粒子系统,以及你为每个系统创建的发射器。中间区域为预览窗口,显示运转中的所有系统与发射器。右侧面板用来管理创建所需效果的不同值。

在左侧面板或 Particle Systems 面板中,通过单击窗口底部的 Add System 按钮和 Add Eitter 按钮,你可以根据自身需要来添加多个粒子系统与发射器。每个系统中可以有一个以上的发射器。所以,你可以使用一个系统创建爆炸粒子效果,对于火焰、烟雾、火花,各自对应有一个发射器。创建好粒子效果之后,在预览窗口中你能够立即看到最终效果的样子,并且可以使用各种滑块进行微细调整。

当获得满意的效果之后,通过单击窗口底部的 Export 按钮,我们可以导出 plist 文件。对于 Cocos2d-x 而言,它使用 .plist 扩展名。单击 Export 按钮右侧的齿轮图标,把数据类型修改为 .plist,并选择保存文件的位置。通过点选 Emitter 右侧的 Embed 按钮,你甚至可以把图像嵌入到 plist 中。采用这种方式,你将拥有所有用来创建粒子的所需项目,若不这样,你必须单独为每个系统添加纹理图像与 plist。

在 Preview 面板中,通过单击窗口底部的 Stage Color 按钮,你可以设置舞台颜色。此外,通过单击 Preview 面板右下角的 Phone an Layout 按钮,你可以为 Preview 面板设置所需的布局。接下来,让我们一起看一下右侧面板,它有 4 个选项卡,如图 9-6 所示。

- **Emitter configuration**
- **Particle Settings**
- **Color settings**
- **Texture settings**

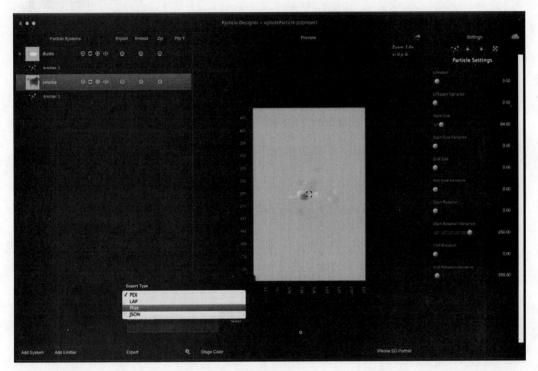

图 9-6

一些变量带有变动因子,用来产生随机数,以便添加到基值或从基值中减去。

Emitter configuration

在 Emitter configuration 中,我们能为发射器指定各种参数,例如持续时间、发射的粒子数量等。

- **Duration**:控制粒子系统的持续时间。你可以给出一个浮点值,指出粒子的有效时间(毫秒)。你也可以将其设置为-1,以便连续创建粒子。
- **Source Position Variance X 和 Source Position Variance Y**:通过修改方差值,增加或减少发射器区域。或者,如果你总想在相同的位置产生粒子,可以设置为零点。

- **Maximum Particles**：控制屏幕上在任何时间出现的最大粒子数量。
- **Emit Angle**：控制创建粒子的角度。
- **Emit Angle Variance**：产生随机数，并将其加到初始角，或者从初始角中减去。否则，将采用相同的基准角创建所有粒子。
- **Speed**：设置粒子的初速度。
- **Speed Variance**：产生随机数，并且其加到指定速度上，或者从指定速度中减去，以便为新创建的粒子赋予唯一的速度。
- **X Gravity 与 Y Gravity**：设置 x 轴方向与 y 轴方向上的重力。
- **Radial Acceleration**：控制每个粒子的径向加速度。
- **Tangential Acceleration**：控制切线加速度，赋予粒子螺旋运动。

Particle Settings

在 Particle Settings 中，我们可以调整每个粒子的各种属性，例如寿命、大小、旋转等。

- **Lifespan**：控制移除粒子前每个粒子要存活多久。持续时间（duration）与寿命（Lifespan）的不同之处在于，持续时间指的是整个系统，寿命仅指单个粒子。
- **Start Size**：粒子产生之初的大小。
- **End Size**：粒子寿命结束时的大小。
- **Start Rotation**：粒子创建之初的旋转角度。
- **End Rotation**：粒子寿命结束时的旋转角度。

Color settings

在 Color settings 中，我们可以指定粒子颜色，例如起始颜色或结束颜色。

- **Start Color 和 End Color**：你可以单击颜色条从色轮中选择颜色，也可以使用滑块或者输入框为粒子的起始阶段与结束阶段选择红色、绿色、蓝色以及 alpha 值。
- **Blend Source 和 Blend Destination**：它们为你给粒子选择混合函数类型提供更大自由。GL_ONE 和 GL_ONE_MINUS_SRC_ALPHA 用于加法混合中的混合源与混合目标。你可以进行多种尝试以便得到不同混合源与目标结合产生的不同感觉。

Texture settings

在 Texture settings 中，你可以更改粒子的默认纹理，这些纹理被用来创建所需要的效果。在爆炸粒子效果时，我使用了一张卡通云图像来创建带有卡通感觉的爆炸效果。

Particle2dx

如果你手头比较紧，也可以使用其他免费工具来创建粒子效果。Particle2dx 是一款基于网页的免费的粒子效果制作工具，并且使用方式与 Particle Designer 类似。

你可以访问 `http://particle2dx.com` 来使用 Particle2dx。初次加载页面可能要花一些时间，一旦加载完成，你将能看到加载好的默认粒子系统，如图 9-7 所示。

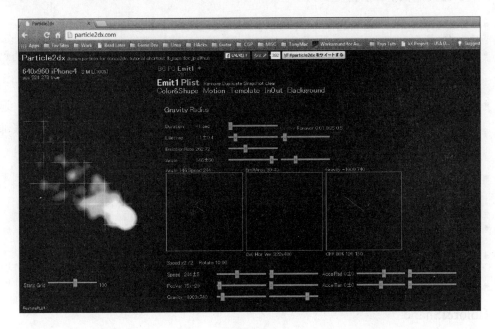

图 9-7

在页面的左上角，你可以选择模拟设备，默认显示的是分辨率为 640×960 的 iPhone 4。如果你单击它，将能得到多种可用的分辨率，包括 Android 的分辨率。紧接着是尺寸大小，通过单击它，你可以放大或缩小视图，它只影响预览视图，不会对粒子产生影响。在右侧区域，你可以看到当前的发射器为 Emit1，单击右侧的 "+"，创建另外一个粒子发射器。通过单击粒子发射器的名称，你可以在它们之间进行切换。在下方，你还可以看到 Color&Shape、Motion、Template、Export 选项卡。当前，我们正处于 Motion 选项卡中，下面让我们详细了解一下。

Motion

模式默认设置为 Gravity，通过单击它，你可以把它修改为 Radius。

- **Duration**：如果你想不断创建粒子，可以把它设置为-1。或者，如果你只想创建一次粒子，那么可以通过移动持续时间所对应的滑块来指定粒子系统创建粒子的持续时长。
- **Lifetime**：该变量控制每个创建出的粒子要存活的时间。你可以通过增加或减小 Lifetime 值来观察彗尾随该值增加或减小的情况。其中也有一个方差滑块，用于在生成粒子时对每个粒子的生命周期进行随机化。如果你移动该滑块，将会有一些粒子比其他粒子存活得更长久一些。
- **EmissionRate**：顾名思义，该项用于控制创建新粒子的速度。
- **Angle**：当粒子创建出来时，该项用于控制每个粒子移动的角度。你也可以通过单击并拖动 Angle 方框中的标度盘进行控制。
- **EmitArea**：你可以通过单击并拖动代表发射器大小的方框来设置 EmitArea。通过单击并拖动来创建一个水平矩形框来代替小正方形。当然，你也可以使用底部的 PosVar 滑块来代替单击并拖动方框的行为。
- **Gravity**：你可以单击并拖动来旋转重力方向。当然，也有一个滑块用来控制重力的方向与大小。
- **Speed**：该项用来控制粒子的速度。
- **AccelRad**：该项用来控制径向加速度。
- **AccelTan**：该项用来修改切线加速度。

Color&Shape

在 Color&Shape 中，你可以修改粒子颜色与形状。

在 Shape 区域中，你可以选择想使用的粒子形状。你可以通过单击 hexagon（六边形）、circle（圆形）、square（正方形）、star（星形）等获取所需的粒子形状。你也可以把 PNG 图像拖放到 DropPNG 中，将它用作粒子形状。

在 Color 区域中，你可以为粒子选择颜色，也可以把混合模式选为 Additive 或 Normal。

每一个粒子或者拥有固定不变的颜色与大小，或者你可以通过修改起始值与最终值来更改粒子颜色。

- **Size**：该项用来修改粒子大小，下滑块是用来不同大小粒子的方差。
- **Spin**：该项设置每个粒子的初始旋转，方差控制着每个粒子旋转的随机性。
- **a,r,g,b**：分别为 alpha 值、红、绿、蓝颜色值。通过设置初始值，并修改方差值以随机产生带有接近初始颜色的粒子，你可以为每个粒子修改 RGBA 值。

Template

Template 中含有一些预定义粒子系统，你可以直接使用它们。这些粒子系统包括 BG、Water、Fire、FireWorks、Explosion、Meteor、Snow、Click、Smoke、Magic 等，它们与 Cocos2d-x 中预定义的粒子系统相似。单击每种粒子系统，可以看到每种粒子效果所呈现的样子。

Export

在这里，你可以设置各种 Export 参数，例如文件名、想要导出的文件格式等。

- **Filename**：指定文件名。
- **Format**：你可以选择以 Cocos2dX 或 CoronaSDK 格式导出文件。若想以 CoronaSDK 格式导出文件，只需单击旁边的向下箭头按钮即可。

有两种方式可以用来以 Cocos2dX 格式导出文件，一种是允许随着代码一起嵌入图像，另一种是你可以不选择嵌入图像，而是单独下载它。

9.3.2 操作步骤

当使用上面工具创建好粒子之后，接下来，我们要把粒子的.plist 文件以及.png 图像文件导入到项目中。

然后，在字体标签之后添加如下代码：

```
CCParticleSystem* pSystem = [CCParticleSystemparticleWithFile:
@"smoke.plist"];

pSystem.position = CGPointMake(winSize.width * 0.5, winSize.height *
0.5);
[selfaddChild:pSystem];
```

在上述代码中，我们使用 `CCParticleSystem` 类创建一个粒子系统，并传入 `smoke.plist` 文件。然后，把粒子系统添加到场景中。

9.3.3 工作原理

运行代码,查看创建好的粒子效果,经过一段时间后,粒子效果消失,如图 9-8 所示。请不要忘记导入粒子纹理,否则会发生错误。

图 9-8

9.4 TexturePacker

到现在为止,我们主要为每个精灵使用单一图像,并且分别导入它们。这足够实现我们的意图了。但是,随着游戏变得越来越大,使用精灵表单是更好的选择。精灵表单是个大图像文件,它含有游戏需要的所有图像。使用精灵表单能够有效减轻处理器负担,因为它只需获取一次图像文件,并把其中的各个图像存储到内存中。此外,你可以随时调用这些小图像,而不必每次需要它时就获取一遍。

为了创建这种大图像文件,我们可以使用图像编辑程序,也可以使用 TexturePacker 等工具,这会让我们的创建工作变得更加简单。TexturePacker 是一种很受欢迎的软件,许多专业公司都使用它来创建精灵表单，如图 9-9 所示。你可以从 `https://www.codeandweb.com` 下载它。

图 9-9

TexturePacker 是一个流行且专业的软件，许多专业公司（例如 Disney、Zynga、WGGames 等）都在使用它。

前面在创建敌人动画时，我们介绍过如何事先创建所需图像。与之类似，在使用 TexturePacker 创建精灵表单动画时，我们必须先在 Photoshop 或 Illustrator 中创建好各个帧。我已经创建好了，并且为各个帧准备好了每一张图像。

9.4.1 准备工作

你可以使用 TexturePacker 的试用版来学习以下内容。下载 TexturePacker 时，请根据自身操作系统的类型，选择合适的版本进行下载。幸运的是，对于主流的操作系统，TexturePacker 都提供了相应版本，这其中包括 Linux 操作系统。

当下载完 TexturePacker 之后，你将看到 3 个选项，你可以选择试用一周完整版本，购买许可证，或者选择试用基本版。在试用版中，一些专业版的功能将被禁止，所以我建议各位选择专业版。

一旦你选择了某个版本之后，你将看到如图 9-10 所示的界面。

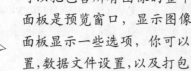

图 9-10

在以上界面中，你可以通过单击屏幕左下角的 Open project 按钮打开已有项目，也可以选择想用来创建精灵表单的框架。

如你所见，TexturePacker 广泛支持各种框架与格式，包括 Cocos2d、Unity、Corona、Swift 等。我们从列表中选择 Swift，而后单击 Create Project 按钮。

> TexturePacker 有 3 个面板，让我们从左侧面板开始，左侧面板显示用来创建精灵表单的所有图像名称。在这里，你可以把所需图像一张一张拖入其中，也可以把包含所有图像的整个文件夹拖入其中。中间面板是预览窗口，显示图像是如何被打包的。右侧面板显示一些选项，你可以指定打包图像的存储位置、数据文件设置，以及打包图像的格式等。在 Layout 区域中提供了更多弹性设置，你可以对 TexturePacker 中的各个图像单独进行设置。最后，在 Sprites 区域中，提供了用于优化精灵表单的各种模式，根据自身需要，从中选择即可。

下面让我们了解一下右侧面板中的一些关键设置项，如图 9-11 所示。

图 9-11

Data

在这里，我们可以定义用来导入数据文件的数据格式。

- **Data Format**：我们在前面学习过，每个导入文件会创建一个精灵表单，里面包含一系列图像和一个数据文件，其中记录着图像在精灵表单中的位置信息。数据格式通常根据你选择的框架或引擎而有所不同。
- **Atlas Bundle**：指定用于保存导出图像与数据文件的位置。一旦文件发布出来，你将得到一张 .png 图像与一个 .plist 数据文件，其中包含着精灵表单有关信息。

Texture

- **Texture format**：默认设置为 .png，但也支持其他格式。除了 PNG 之外，你也可以使用 PVR 格式，它用来保护数据，而从普通 PNG 文件拷贝数据是非常容易的。PVR 格式也提供了非常好的图像压缩，但是你应该注意到，PVR 格式只能用在 Apple 设备中。

- **Png OPT Level**：该项用来设置 PNG 文件的质量。
- **Pixel format**：该项设置所使用的 RGB 格式。通常，保持默认设置值不变。

Layout

- **Max size**：根据所选用的框架，你可以指定精灵表单的最大宽度与高度。通常，所有框架都允许的最大设置为 4096×4096，但是主要还是由所选的框架决定。在创建精灵表单之前，请先查看所用框架允许的最大尺寸。
- **Size constraints**：有些框架只允许精灵表单采用点（POT）或二次幂形式，即 32×32、64×64、256×256 等。在此情形之下，你需要做出相应选择，除此之外，你可以选择其他任意尺寸。
- **Scaling variants**：该项用来把图像放大或缩小。如果你需要为正在开发的游戏针对不同分辨率创建图像，例如 1X、2X、3X 等，那么该项将允许你依据不同分辨率创建资源，因而你不必进入图像软件重新缩小图像并为各种分辨率单独进行打包。
- **Algorithm**：该项中的代码逻辑用来创建精灵表单，保证图像采用最高效的方式进行打包。在 Basic 版本中，你只能从下拉菜单中选择 Basic，而在 Pro 版本中，你可以选择 MaxRects。
- **Multipack**：如果 PNG 图像文件超过了最大尺寸，那么 TexturePacker 将自动为无法包含在前一个精灵表单中的图像创建一个额外的精灵表单与数据文件。

Sprites

- **Trim mode**：该项可以删除每张图像额外的 alpha 通道，这使得精灵表单更便携，也能够进一步减小图像尺寸。

下面我们将学习如何创建英雄精灵表单。

1．本章资源文件夹下存在名为 enemyAnim 的文件夹，其中包含着制作敌人 idle 动画所需的图像文件。把这些图像文件拖入到 TexturePacker 左侧面板中。

2．在 TexturePacker 中你将看到各个帧图像。如图 9-12 所示，在预览面板中，我们能看到精灵表单预览，它由前面的 4 张图像创建而来。

3．在 Data 与 Texture 中，选择存放数据与图像文件的位置。

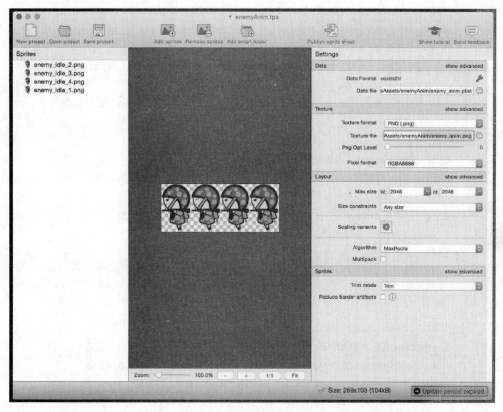

图 9-12

4. 我们也要保证把当前文件存储到相同位置上，这样一来，当需要对文件做一些修改时，我们能够快速打开它，并方便地进行修改。

5. 需要注意的是，如果我们更改了源文件夹的位置，所有引用都会丢失。此时，我们必须重新导入图像。因此，我们应该把图像、精灵表单、类、TexturePacker 文件放在单独的文件夹中，这样一来，文件的所有相关数据都位于相同目录下。

6. 为了创建精灵表单，单击窗口顶部的 Publish sprite sheet 按钮。

7. 接下来，我们将让英雄动起来。

8. 首先把.plist 与.png 文件导入到项目中，然后在 init 函数中添加如下代码：

```
//** Texture Packer
[[CCSpriteFrameCachesharedSpriteFrameCache] addSpriteFramesWithFile:@"enemy_anim.plist"];
```

```objc
NSMutableArray *walkAnimFrames = [NSMutableArray array];
for (inti=1; i<=4; i++) {
  [walkAnimFramesaddObject:
    [[CCSpriteFrameCachesharedSpriteFrameCache] sprite
    FrameByName:
    NSStringstringWithFormat:@"enemy_idle_%d.png",i]]];
}

CCAnimation *walkAnim = [CCAnimation
animationWithSpriteFrames:walkAnimFramesdelay:0.1f];

CCSprite* enemy = [CCSpritespriteWithImageNamed:
@"enemy_idle_1.png"];
enemy.position = ccp(winSize.width * 0.75,
winSize.height/2);


CCActionAnimate *animationAction = [CCAction
AnimateactionWithAnimation:walkAnim];
CCActionRepeatForever *repeatingAnimation = [CCAction
RepeatForeveractionWithAction:animationAction];

[enemyrunAction:repeatingAnimation];

[selfaddChild:enemy];

enemy.scale = 0.5;
```

 请注意,你需要准备两套文件,一套针对 Retina 屏幕,另一套针对非 Retina 屏幕。这样,我们就不必在最后把图像按比例缩小了。

9.4.2 工作原理

图 9-13 显示了代码的执行结果。

图 9-13

9.5 PhysicsEditor

以前，在添加物理对象时，每次添加带有古怪形状的物理对象，我们必须获取顶点，并确保所有角都是向外凸出的。然而，如果使用 PhysicsEditor，我们无需考虑这些问题。PhysicsEditor 能够自动帮助我们解决这些问题。下面让我们一起学习一下如何使用 PhysicsEditor 工具。

9.5.1 准备工作

如图 9-14 所示，从 CodeAndWeb 站点下载 PhysicsEditor 的试用版，下载地址如下：
https://www.codeandweb.com/physicseditor。

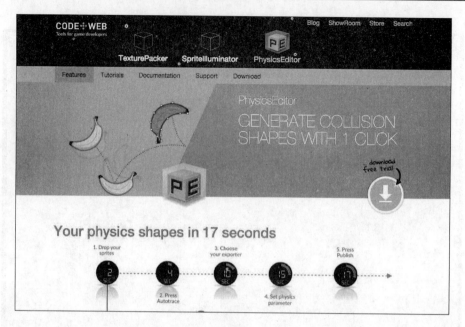

图 9-14

下载完成后，打开应用程序，如图 9-15 所示。

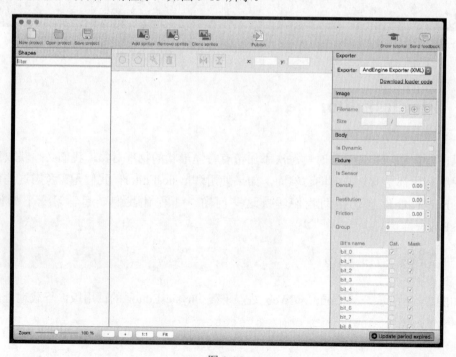

图 9-15

PhysicsEditor 有 3 个面板，如下所示。

- **Shapes 面板**：显示用来创建形状的图像。
- **Preview 面板**：该面板位于中间位置，用来显示为对象所创形状的预览。
- **Exporter 面板**：该面板位于软件界面右侧，在其中我们可以指定导出文件的类型。

由于我们工作在 Mac 系统下，所以我们将为 Cocos2d 选用 Plist 格式。

在 Image 区域中显示你添加到 Shapes 面板中的图像位置。

在 Body 区域中，你可以选择 body 是否为动态（Dynamic）的。

在 Fixture 区域中，你可以设置各种属性值，例如密度、摩擦力、弹力等。你也可以选择是否让 body 成为传感器（Sensor）。

你还可以在 Fixture 区域中指定类型与遮罩，而不用在代码中添加位掩码（Bitmask）。

作为示例，我创建了一个棒糖形状，如图 9-16 所示。

图 9-16

为了创建顶点，单击"魔棒"工具。

如图 9-17 所示，在打开的 Tracer 窗口中，你可以调整 Tolerance 值，以尽可能多地追踪到细节。或者，你可以减小它，尽量使顶点数最少。

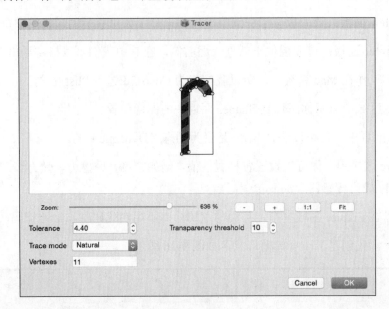

图 9-17

如图 9-18 所示，你也可以手工编辑顶点，这样能够实现更多控制。

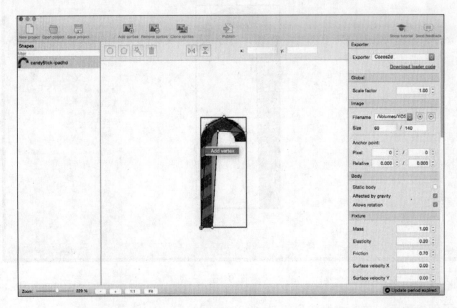

图 9-18

当你对形状满意之后，单击 Publish 按钮，并指定文件存放位置。

为了方便起见，我把图像与数据文件全都命名为"candy"。

9.5.2 操作步骤

首先，我们把 `candy.plist` 与 `candy.png` 文件添加到项目中。

接着，我们需要一些导入文件，保证代码正常运行。

如图 9-19 所示，从 `https://github.com/CodeAndWeb/PhysicsEditor-Loaders` 下载 Physics Editor-Loaders。

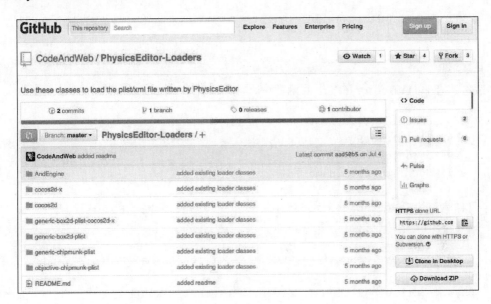

图 9-19

单击 Download ZIP 按钮，下载文件并进行解压缩。

转到 `cocos2d` 文件夹，把 `PhysicsShapeCache.h` 与 `PhysicsShapeCache.m` 文件拖入项目中。

接下来，在 `MainScene.m` 文件中，在文件顶部添加 `PhysicsShapeCache.h` 头文件。

我们需要创建一个用来模拟的物理世界以保证程序正常工作。所以，我们在 `MainScene` 实现文件中添加如下代码。

```
CCPhysicsNode *_physicsWorld;
```

此时，MainScene.m 文件最上面的代码如下：

```
#import "MainScene.h"
#import "PhysicsShapeCache.h"


@implementation MainScene

CCPhysicsNode *_physicsWorld;

+(CCScene*)scene{

    return[[self alloc]init];

}
```

接着，在 MainScene 的 init 函数中，添加如下代码：

```
    _physicsWorld = [CCPhysicsNode node];
    _physicsWorld.gravity = ccp(0,-9);
    _physicsWorld.debugDraw = YES;
    [selfaddChild:_physicsWorld];

    [[PhysicsShapeCachesharedShapeCache] addShapesWithFile:
    @"candy.plist"];

    CCSprite *physicsSprite = [CCSpritespriteWithImageNamed:@"candy.png"];
    physicsSprite.position = CGPointMake(winSize.width * 0.5,
    winSize.height * 0.5);

    // attach the physics body to the sprite
    [[PhysicsShapeCachesharedShapeCache] setBodyWithName:@"candy" onNode:
    physicsSprite];


    // add the new physics object to our world
    [_physicsWorldaddChild:physicsSprite];

    physicsSprite.scale = 0.5;
```

在上述代码中，像往常一样，我们先初始化物理世界节点，并设置重力。然后，我们把 plist 文件传入 cache。接着，我们创建糖果精灵，并设置其位置，再把 body 添加到精灵，最后把精灵场景中。

9.5.3 工作原理

编译并运行代码之后，你将看到糖果出现在屏幕中间，并开始向下跌落，如图 9-20 所示。

糖果周围的白色线框是为调试而绘制出来的，向我们展现物理对象是如何附加到图像上的。只要在 init 函数中把设置物理世界 debugDraw 属性的代码注释掉，即可去除它。

图 9-20

第 10 章 Swift/SpriteBuilder 基础

本章涵盖主题如下：

- 了解 Swift 语法
- 在 Cocos2d 中使用 Swift 语言
- SpriteBuilder 基础

10.1 内容简介

为了学习 Swift 语言，我们将使用 Xcode 的 Playground 工具。Playground 容易使用，并且你不必创建一个 Xcode 项目来运行自己的代码,代码会被编译并立即把结果显示出来，这样就不必每次运行代码以查看它的执行结果。

另外，我们也要学习一下 SpriteBuilder 工具，讨论如何使用最少代码添加资源与精灵。使用 SpriteBuilder 工具搭建简单的游戏原型只需几个小时，而无需花费数天时间。本章我们将对 SpriteBuilder 做基本介绍，这对于你使用它构建自己的游戏应用足够了。

10.2 了解 Swift 语法

Playground 是一个拥有多项功能的工具。每当你创建新文件时，你可以立即使用它进行工作，无需做进一步设置。在其右侧内置有 Results 面板，当你每次对文件做修改时，它就会实时地编译自己的代码。Playground 也有一个 assistant editor，它会以图形化形式显示我们在代码中所做的更改。

10.2.1 准备工作

新建一个 Playground 文件，命名随意，而后打开它。如果你已经在第 1 章中创建了一个文件，那么在 Playgrounds 文件夹中你将看到一个文件，可以将其打开。

10.2.2 操作步骤

让我们在练习中了解 Swift 语言的语法。

变量

如果你使用其他语言编写过代码，现在你应该知道变量是什么。变量拥有一个值，你可以随时修改这个值，这也是"变量"这一称呼的由来。

在 Swift 中，使用 var 关键字来定义一个变量，这与 JavaScript 类似。如果你想创建一个名为 age 的变量，则应输入代码 var age。这就是定义一个变量要做的所有事情。

如果你是一个经验丰富的 C 语言程序员，可能会注意到我在语句的末尾漏掉了分号。其实，在 Swift 语言中在语句结尾添加分号不是必需的。所以，如果你想使用分号，欢迎之至。我不用分号出于习惯，而且在使用 Swift 写了一段时间程序之后觉得这是很好的实践，在使用基于 C 的语言编写代码时若不使用分号，错误将随处可见。

然而，等一等，这里面有一个错误。Swift 无法明确 age 的数据类型，不知道它到底是 Integer、Float、Boolean，还是 String 数据类型。为了让 Swift 明确变量的数据类型，你要对变量进行初始化。我可以用一个 int 类型描述一个人的年龄，例如 10，也可以用一个 float 数据类型描述，例如 10.0，或者使用 string 数据类型进行描述，例如 Ten。根据变量类型，你可以为变量赋值，这样 Swift 就会知道变量究竟是 int、float，还是 string 类型。

我把 age 变量赋值为 10，即 "var age=10"。在 Results 面板中，你会注意到变量值被打印输出，10 就是目前存储在变量 age 中的值。所以，在下一行中，如果你输入 age，将看到它的值在右侧面板显示出来。

如果你把变量 age 加 1，即 "age+1"，将看到输出的结果为 11。这并没有改变变量 age 的值，计算的是整个行的值，并把最终计算结果显示出来。如果你想把 age 的值修改为 11，可以使用缩写形式 age+=1，先把 age 值加 1 再赋给 age，这和在 Objective-C 或其他 C 基语言中的做法一样。

一旦变量的数据类型确定下来,你就不能再把其他数据类型的数据指派给它。所以,现在,如果你尝试把 11.0 或 "Eleven" 赋给变量 age,它不会接受,你将会看到错误提示。

上面我们学习了如何向变量指派 int 类型的值,那如何向变量指派 float、string、bool 类型的值呢?你可以使用如下代码办到:

```
var height = 125.3
var name = "The Dude"
var male = true
```

如果我不想对变量进行初始化,那么又该如何告知 Swift 一个变量的数据类型呢?我们可以通过在变量名之后添加一个冒汗,再在冒号之后给出某种数据类型来指定变量所属的数据类型,如下:

```
var age:Int
var height:Float
var name:String
var male:Bool
```

除了 var 之外,你可能在 Swift 中还会经常看到 let 这个关键字。如果某个变量的值在整个代码中是个常量,无论如何,它的值总是恒定不变,那么你最好使用 let 关键字而不是 var 关键字来定义它,这样会更安全,你不用担心在将来某个时候它的值会意外发生改变。

在前面的示例中,你可以知道不管怎样一个人的名字与性别都是常量,它们一般是不会发生改变的(除非这个人对自己的名字与性别十分不满意),所以可以使用如下语句进行定义:

```
let age = 10
let height = 125.3
let name = "The Dude"
let male = true
```

再次重申,如果你没有明确指定变量的数据类型,我们必须对变量进行初始化。你可能会觉得对于同一个变量使用 let 与 var 关键字没什么区别,它们在 Results 面板中会输出相同的值。但是,当你试图修改使用 let 关键字定义的变量时,例如增大 age 变量值,将会看到错误提示。

所以,如果你认为某个变量的值一定是变化的,那最好使用 var 关键字来定义它。否则,使用 let 关键字进行定义是更安全的,它在一定程度上可以防止代码中出现大量 bug。

既然你已经了解了如何声明并初始化变量，下面就让我们一起使用这些变量和运算符做一些运算。

运算符

在计算机语言中，运算符用来对变量进行各种运算，例如算术运算（如加法）、比较运算（比较两个数哪个更大）、逻辑运算（检测条件真假）、算术赋值运算（对一个值进行增加或减小）。下面让我们详细了解一下各种运算。

算术运算

计算机最初被制造出来执行数值运算，例如加法、减法、乘法、除法、取模。在 Swift 语言中，分别使用 +、-、*、/、% 运算符来实现这些运算。

让我们声明两个变量 a 与 b，并把它们分别初始化为 36 与 10。如果你想在 Swift 中在一行中声明并初始化变量，可以使用如下代码：

```
var a = 36, b = 10
```

或者，你也可以使用分号把两个变量分隔开，分别进行声明与初始化，如下：

```
var c = 36; var d = 10
```

如果你想初始化不同类型的变量，这种方式会非常有用。接下来，让我们把各个算术运算符添加到变量之间，最后所得到的结果应该分别是 46、26、360、3、6。请注意，两个 int 类型的变量相除所得到的结果仍为 int 类型，而不是 float 类型，例如 3.6。在 a、b 两个变量之间添加上算术运算符之后，代码如下：

```
a+b // 46
a-b // 26
a*b // 360
a/b // 3
a%b // 6
```

为了得到更准确的计算结果，我们需要对变量的数据类型进行转换。在 Swift 语言中进行类型转换的方式跟其他语言非常类似，只需要把待转换的变量放入目标数据类型后面的括号中即可，代码如下：

```
Float(a)/Float(b) //3.6
```

比较运算符

比较运算符用来对两个变量进行比较,它们之间的关系可以是等于、不等于、小于、大于、小于等于、大于等于。请注意,不同于 Objective-C,在 Swift 中使用 True 与 False 取代 Yes 和 No,如下所示:

```
a == b //false
a<b //false
a>b //true
a<=b //false
a>=b //true
```

逻辑运算符

类似于其他语言,在两个运算之间,你可以使用&&运算符检测逻辑与条件,使用||运算符检测逻辑或条件,以便检测前后两个运算都为真或者其中一个为真。请看如下代码:

```
a==b && a > b // false
a==b || a > b // true
```

从前面的示例中,我们知道 a 不等于 b,并且 a 大于 b。在上面第一个语句中,由于 && 运算符左侧表达式结果为 false,所以整个表达式结果为 false,但是在第二个语句中 || 运算符右侧的表达式为 true,所以整个表达式的结果为 true。

自增/自减运算符、复合赋值运算符

通过在变量之后添加++运算符,我们可以对变量进行自增 1 操作。我们也可以使用 a--形式对变量 a 执行自减 1 操作。请记住,++a 与 a++是不同的。

如果你使用 a++,表示先显示 a 的值,然后把 a 的值增加 1。所以,如果你执行 a++ 操作,所显示的结果将为 36,而当你在下一行中输出变量 a 的值时,将看到输出的结果为 37。

如果你使用++a,表示先把 a 的值增加 1,然后再把它输出。所以,你将看到整个表达式的输出结果为 37。当你在下一行中输出变量 a 的值时,显示的值就是 37。当代码中出现 bug,并试图搞清表达式为何显示不出正确的数值时,请考虑问题是否出现在这上面。

在 Swift 语言中,我们也可以使用复合赋值运算符,例如 a+=10、a-=10、a*=10、a/=10、a%=10,分别等同于 a=a+10、a=a-10、a=a*10、a=a/10、a=a%10。

流程控制语句

在任何一种编程语言中都至少包含有两种语句：决策语句或条件语句、循环语句。

决策语句（条件语句）

决策语句可分为 if 语句、if else 语句、else if 语句、switch 语句几种。任何编程语言都包含这些类型。让我们先从 if 语句开始学习，了解与其他 C 基语言语法上有何不同。

if 语句

在 Swift 语言中，if 语句结构如下：

```
if a > b {
  print("a is greater than b")
}
```

使用 C 语言的程序员会立即说：条件表达式没有放入括号中。是的，在 Swift 语言中，为了简明、易读起见，你可以不必使用括号。如果你愿意，仍然可以使用括号，这不会引发任何编译错误。

使用 if 语句时，你必须使用花括号把主要语句"包裹"起来，即使只有一行语句，也需要这样做。不然，编译肯定报错。

说到向屏幕上输出内容，有一点要注意的是，这一功能在我们进行游戏开发时会用得非常多，以保证游戏能够准确地按照我们所希望的那样运行，所以我们需要输出内容到屏幕上以检查游戏中是否存在逻辑错误。在 Objective-C 中，我们会使用一些类似 NSLog(@"Print Stuff to Screen") 或 NSLog(@"My age is: %d", age) 语句。而在 Swift 语言中做法有一点不同。首先，你不必在要输出的字符串之前添加 @；其次，为了打印出变量值，我们必须把变量放入 "\()" 的括号之中，执行时将打印出变量值进行替换。代码如下：

```
print("\(a) is greater than \(b)")
```

if else 语句

类似于 if 语句，if else 语句结构如下：

```
if a < b{
  print("\(a) is smaller than \(b)")
}else{
  println("\(a) is greater than or equal to \(b)")
}
```

判断条件由 a 大于 b 变为 a 小于 b，这样一来，程序运行时将执行 else 中的语句，输出 "36 is greater than or equal to 10"。

else if 语句

如前所述，在 if 语句中我们无需把判断条件放入括号中，类似地，在 else if 语句中，我们也不需要在 else if 之后添加括号并把判断条件放入其中。示例代码如下：

```
if a < b{
  print("\(a) is smaller than \(b)")
}else if a > b{
  print("\(a) is greater than \(b)")
}
```

示例代码中，先检查 a 小于 b 是否成立，若不成立，则继续检查 a 大于 b 是否成立；若条件成立，则打印输出其后的语句，而非只检查 else 语句。

条件表达式

与其使用 10 行代码检测一个简单的语句，不如使用三元条件运算符，只需一行代码就能完成相同的工作。如果你只检查类似于 if else 的条件，使用三元条件运算符会更好一些。示例代码如下：

```
a > b ? a : b
```

执行示例代码时，先检查 a 大于是否成立，若成立，则输出 a 值（36），否则，输出 b 值（10）。

switch 语句

在 Swift 语言中，switch 语句与其他语言中的 switch 语句有一些不同。例如，在 Swift 语言的 switch 语句中，变量或表达式之外无需使用括号。然而，这并不是唯一的不同。

所有语句都需要打印一些值，或者一些条件需要被检测。你不能使用空的 case 语句，这会导致错误发生。

其次，由于所有的语句都会被计算，所以每行末尾不需要用 break 语句。

最后，case 语句需要是全面的，这意味着在语句的最后需要有一个 default 子句，这样当所有 case 语句都不匹配时，就会执行 default 语句。

让我们看一下如下示例代码：

```
var speed = 30

switch speed {
    case 10 : " slow "
    case 20 : " moderate"
    case 30 : " fast enough"
    case 40 : " faster "
    case 50 : " fastest "
    default : " value needs to >= 10 or <= 50"

}
```

上面代码中，先新建一个名为 speed 的变量，然后系统会根据 speed 的值打印它表示的快慢程度。如果 speed 值不是数字，或者它的值不在 10 到 50 之间，系统就会执行 default 语句，打印出相关信息。示例中，由于 speed 值与 case 30 相匹配，所以最终会打印出 "fast enough"。

除了为 case 语句提供固定值之外，你也可以提供一个值的范围，用来检测 speed 值是否位于某个范围之内。比如，如果 speed 的值位于 0 到 10 之间，就会打印输出 "slow"。此时，你可以把第一个 case 语句由 case 10 修改为 case 0...10。请注意，在提供范围值时，在上限值与下限值之间一定要添加 3 个实心点，它是一个范围运算符。

所以，现在你可以把 speed 值修改为 0 到 10 之间的任意一个值，最终都会输出"slow"。类似地，我们也可以在其他 case 语句中使用范围运算符，为它们提供一个匹配范围。示例代码如下：

```
switch speed {

  case 0...10 : " slow "
  case 20 : " moderate"
  case 30 : " fast enough"
  case 40 : " faster "
  case 50 : " fastest "
  default : " value needs to >= 10 or <= 50"

}
```

循环语句

循环语句用来反复执行一个特定的代码块，循环执行指定的次数，或者直到某个条件得到满足。就像其他语言一样，比如 C#、C++，在 Swift 中也存在 while 循环、do while 循环、for 循环、for each 循环。

while 循环

在 while 循环中，我们首先给定一个条件，只要条件为真，就反复执行花括号中的语句。

比如，我们定义 n 与 t 两个变量，并把 n 赋值为 1，将 t 赋值为 10，然后使用 while 循环，反复执行 n++ 操作，直到 n 小于 t 条件不成立，即结束循环。

```
var n = 1, t = 10

while n < t{

  n++

}
```

同样，在给出 while 语句的循环条件时，不必把条件放入括号中。运行示例代码，你将只能在 Results 面板中看到输出"(9times)"。移动光标到"(9times)"上，在右侧显示出一个眼睛与圆形图标。单击眼睛图标，将打开一个新面板，称为 assistant editor，也会打开一个快速查看窗口。在其中，你会看到一个图表，显示循环运行期间 n 值的增长情况。n 值从 1 开始不断加 1，直到增大到 9，因为我们指定只有当 n 小于 10 时才执行循环。你可以把鼠标放到各个节点上查看每个节点的具体值，在窗口底部也存在一个滑动条，你可以拖动滑块，以在图 10-1 中查看 n 的各个值。

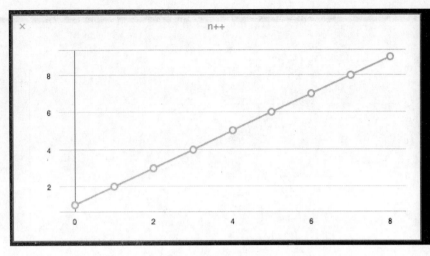

图 10-1

do while 循环

类似于 while 循环，当条件为真时，花括号中的代码块得到执行。在 do while 循环中，先执行代码块，然后再检测条件真假，所以代码块至少会被执行一次。

下面示例代码中，每次进入循环，都会把 n 值减 1，然后检测 n 是否大于 0。若是，则继续执行代码块。从上一节代码可知 n 的值为 10，经过循环后，n 值将从 10 逐渐减小到 1。在 Playground 中，运行循环，单击 Results 面板中的图标，你将看到循环产生的散点图，如图 10-2 所示。

```
do{

  n--

} while n > 0
```

for 循环

for 循环结构如下，即使不把循环条件放入括号中，它仍能正常工作。

```
for var i=0; i < 10 ; i++ {

  i*i

}
```

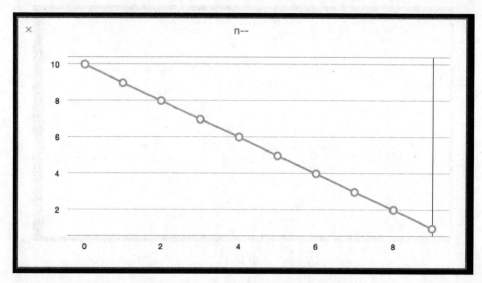

图 10-2

在示例代码的条件表达式中,首先定义并初始化循环变量 i,而后给出循环条件,循环体会一直执行,直到循环条件不成立,最后,我们指出每次循环时 i 值要增加多少。

在循环体中,我们并没有把 i 加 1,而是将 i 与其自身相乘,最终我们会得到一个曲线图形(见图 10-3),值从 0 增长到 81。

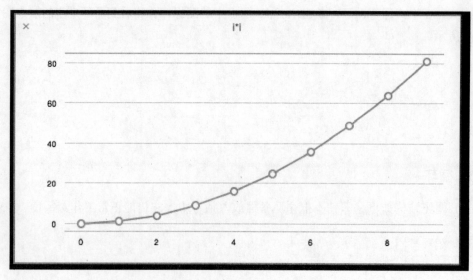

图 10-3

for in 循环

类似于其他语言中的 for each 循环，在 Swift 语言中，有一个 for in 循环，用来遍历 in 中的每一项，并且循环执行花括号中的代码块。不同于其他语言，我们无需为循环变量指定数据类型，Swift 会根据待遍历的项目列表自动判断变量的数据类型。比如，我们要遍历整型列表，代码如下：

```
for m in 1...10{
  l * l * l
}
```

示例代码中，虽然我们没有在代码中指定 m 为整型，但是 Swift 能够根据我们在代码中提供的值列表自动判断 m 的数据类型。由于给出的列表类型为 int 型，所以 m 也被自动指定为 int 型，代码执行结果如图 10-4 所示。

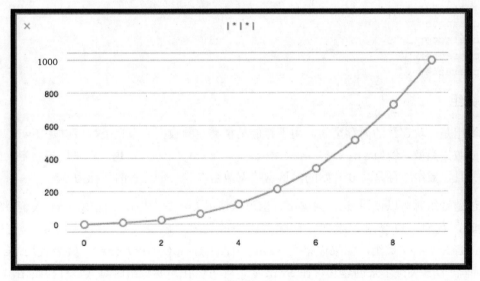

图 10-4

此外，在遍历数组索引时，我们要从 0 开始到元素个数减 1，此时可以使用..<运算符代替...来实现，它也用来指定一个范围，但不包含右侧的上限值。在前面的示例中，如果我们要遍历 0～9 这个范围，重写代码如下：

```
for l in 0..<10{
```

```
    1 * 1 * 1

}
```

使用 for in 不仅可以遍历数值，还可以遍历其他数据类型，例如我们可以使用它遍历字符串中的每个字符，代码如下：

```
for c in "string"{

    println("character \(c)")
}
```

上面代码中，我们同样没有明确把变量 c 的数据类型指定为 Character，但是 Swift 可以隐式地判断出 c 是 Character 类型。在控制台中，每个字符都会被显示出来，如下所示：

```
character s
character t
character r
character i
character n
character g
```

数组

数组是一块连续的内存空间，用于存储某种类型的数据。数据类型可以是 Swift 中预定义的数据类型，例如 int、float、char、string、bool，也可以是用户自定义的类型。并且，数组下标是从 0 开始的，这意味着数组中第一个元素的下标为 0。

创建数组时可以使用 var 关键字，也可以使用 let 关键字。当使用 var 关键字创建数组时，我们可以修改、添加、移除数组中的元素，就像使用 Objective-C 语言中的 MutableArrays 数组。如果你想在 Swift 中使用 ImmutableArray，需要使用 let 关键字而非 var 关键字来创建它。在 Swift 中，你可以在声明数组时对其进行初始化，代码如下：

```
var scores = [10, 8, 7, 9, 5, 2, 1, 0, 5, 6]

var daysofweek = ["Monday", "Tuesday", "Wednesday"]
```

如果我们只想声明数组，以后再对它进行初始化，那么我们可以使用如下代码对数组进行声明。在代码声明中，我们为数组指定了数据类型，它只能存储这种类型的数据。这与定义一般的变量非常类似,只是我们需要把数据类型放入中括号之中。

```
var score : [Int]
```

```
var daysofweek : [String]
```

接下来,我们就可以对数组进行初始化,就像我们之前所做的那样,初始化代码如下:

```
score = [10, 8, 7, 9, 5, 2, 1, 0, 5, 6]
```

```
daysofweek = ["Monday", "Tuesday", "Wednesday"]
```

为了从数组中得到某个特定元素,你可以在数组名之后加一个中括号,然后在中括号中给出待取元素的索引,即可从数组中把指定元素取出,代码如下:

```
score[0] // output: 10
```

```
score[5] // output: 2
```

遍历数组

在遍历数组时,我们可以使用 for in 循环,这在讲解循环时提到过。使用 for in 循环遍历数组时,我们要提供待遍历的数组,而不是范围值,并且,数组中元素的数据类型由 Swift 自动进行判断。运行如下代码:

```
for myScore in score {
    myScore
}

for day in daysofweek{
    println("\(day)")
}
```

向数组添加、删除、插入对象

在向数组添加元素时,需要使用 append 方法。所以,为了把某个值添加到 score 数组或 dayofweek 数组中,我们运行如下代码,这将把指定对象添加到数组末尾。

```
score.append(10)
daysofweek.append("Thursday")
```

为了从数组中删除一个对象,你可以调用 `removeLast()` 方法删除数组中的最后一个对象,代码如下:

```
score.removeLast()
```

或者,通过调用 `removeAtIndex()` 方法,并传入待删对象的索引,删除指定索引处的对象,代码如下:

```
score.removeAtIndex(5)
```

上面代码将从数组中删除索引值为 5 的元素,即删除数组元素 2。

为了向数组的指定位置插入一个元素,你可以调用 `insert()` 方法,并且同时提供待插入的值以及要插入位置的索引,代码如下:

```
score.insert(8 ,atIndex: 5)
```

重要的数组函数

除了 `append`、`remove`、`insert` 函数之外,还有其他一些内置函数,它们在游戏开发中常常用到。第一个函数是 `count` 函数,用来给出数组中元素的个数。

```
score.count
```

另外一个是 `isEmpty` 函数,它用来检测数组中是否包含有元素,代码如下:

```
score.isEmpty
```

字典

字典与数组类似,它是一个数据集合类型,在其他语言中亦称为 **map** 或 **hashtable**。与数组不同的是,字典中的每个元素只能通过索引数字进行访问。在字典中,我们提供了键,借助它们,我们能够访问特定索引位置上的元素。字典中的键与值的数据类型可以是 `Int`、`Float`、`Bool` 或 `String` 类型。字典中你不能拥有重复的键,但是完全可以有相同的值。

例如,让我们看一下 Fifa 国家代码列表:

Code	Country
AFG	Afghanistan
ALB	Albania
ALG	Algeria
ASA	American Samoa
AND	Andorra
ANG	Angola
AIA	Anguilla
ATG	Antigua and Barbuda
ARG	Argentina
ARM	Armenia

上表中，左侧栏国家代码（Code）可以作为键（Key），而右侧栏（Country）国家名称可以作为值。所以，当我想引用 Argentina 时，只要查找 ARG 即可，Swift 会自动判断出我要引用的是 Argentina。或者，当我们获取 ATG 键所对应的值时，程序将会知道我们正在引用 Antigua and Barbuda。

使用字典的好处是我们无需对数据进行分类。如果我们知道字典中存在某个键值对，不论它在哪个位置上，我们只需使用指定的键就能获取它所对应的值。

字典语法类似于数组，不同之处在于我们不必给出类型，但在声明时要提供两种变量类型：第一个是键的类型，第二种是值的类型。

同样，如果已经知道键与值的类型，你不必显式地提供数据类型。请看如下代码：

```
var countries = ["AFG": "Afghanistan", "ALB": "Albania", "ALG": "Algeria"]
```

键值对可以是任意组合。也就是说，你可以拥有一个 `Int` 类型的键，它对应的值可以是 `String` 类型，或者键是 `String` 类型的，而与其对应的值是 `Int` 类型，或者键与值都是 `String` 类型，如示例所示。在把字典的键与值声明为特定类型之后，你不能改变或为它提供不同类型的数据。例如，当你声明键为 `String` 类型，就不能把 `Int` 类型的键添加进去。

我们也可以显示地指出键值对的数据类型，如下所示：

```
var states:[String: String]
```

这表示该字典中的键全为 `String` 类型，与这些键相对应的值也是 `String` 类型。

此外，如果我们用 population 存储一组键，可以使用如下代码：

```
var population: [String: Int]
```

向字典添加或删除对象

我们可以使用如下简单的一行代码，把一个新键值对添加到一个现存字典中。

```
countries["GER"] = "Germany"
```

或者，我们也可以使用如下代码：

```
countries.updateValue("Netherlands" forKey "NED")
```

但是，请注意，如果指定的键已经存在，新键值将覆盖键的原有值。

如果你想从词典中删除一个键值对，我们可以使用如下两条语句之一来删除它：

```
countries["ALB"] = nil
countries.removeValueForKey("AND")
```

此时，如果试图访问已删除的键值对，你会发现除了键所对应的值被删除之外，键本身也被删除掉了。

遍历字典元素

同样，我们也可以使用 for in 循环语句访问存储在每个键值对中的数据。使用 for in 循环时，我们要在圆括号中提供两个值，而不是一个值，它们分别对应于键与值，且使用逗号分隔。示例代码如下：

```
for (code, country) in countries{
  println("\(code) is the code for \(country) ")
}
```

执行上述代码，你将在控制台中看到如下输出：

```
GER is the code for Germany
AFG is the code for Afghanistan
ALG is the code for Algeria
NED is the code for Netherlands
```

字典函数

类似于数组，字典也有内置函数 count，用来显示当前字典中键值对的个数，也存在一个 isEmpty 函数，它用来判断指定字典中是否含有键值对，代码如下：

```
countries.count
countries.isEmpty
```

函数

函数是用来执行特定任务的代码块。它可以用来创建可重用的代码块，你可以反复调用它执行指定的功能，而不必每次都重写代码。

简单函数

在 Swift 语言中，函数结构如下：

```
func someFunction(){

Println(" performing some function ")

}
```

编写函数时，首先要使用 func 关键字，后面跟着函数名，然后是一个圆括号，最后是一对花括号。

在 Swift 中调用函数的方式与其他语言类似，即函数名后面跟着圆括号，代码如下：

```
someFunction()
```

传递单个参数

为了让函数根据传入的变量执行任务，我们需要先向函数传入参数。这可以使用如下代码实现：

```
func printText(mtext: String){

  println("Print out \(mtext)")

}
```

如上面代码所示，我们必须在圆括号中指出传入变量的类型，当函数明确要求接收字符串类型的参数时，就不能为它传入整型数据。

当调用上面函数执行打印功能时,你必须在圆括号内给出要传入函数的文本,函数在执行打印操作时会用到它。函数调用代码如下:

```
printText("Hello Function")
```

值得注意的是,传入函数的值默认为常量。这意味着,如果我们没有指定 mtext 是变量还是常量,它将默认为常量。所以,在函数中,你将不能对它做任何修改。

如果你的代码需要使用一个变量而非常量,那么就需要我们在创建函数时特别指出,代码如下:

```
func printVarText(var mtext: String){

    mtext = "Text Changed"

    println("Print out \(mtext)")

}
```

传递多个参数

很显然,我们可以向函数传递多个参数。在这些参数变量之间,你需要使用逗号把它们分隔开来。示例代码如下:

```
func calcSum(a: Int, b: Int){

    let sum = a + b

    println("The sum of the numbers is: \(sum) ")

}
```

下面我们将向函数传入两个整数 10 和 15,而后执行加法操作,把它们相加在一起,再把它们的和存入名为 sum 的常量之中,最后把两数之和打印到控制台。函数调用代码如下:

```
calcSum(10, b:15)
```

返回单个值

对于 C++用户而言,这看上去可能有点奇怪。那些不喜欢指针的人看到 Swift 语言使用指针运算符来返回值的函数语法可能会崩溃掉。别担心!这绝对跟指针运算没什么关系,它只是用来表示函数返回值的数据类型,仅此而已。

编写函数的方式跟从前一样，当为函数指定返回值的数据类型，要在圆括号之后要加一条短划线和大于号，然后再加上函数返回值的数据类型。

下面我们将编写一个执行乘法运算的函数，它接收两个 Int 类型的数据，经过计算后返回 Int 类型的乘积。在函数内部，我们使用乘法运算计算两个数的乘积，而后把乘积存储到名为 mult 的常量中，最后将其返回。

函数编写完成之后，调用函数，并把函数的返回值存储到一个常量中，再将其打印到控制台上，示例代码如下：

```
func mult(a: Int, b: Int) -> Int{

let mult = a * b

return mult

}

let mVal = mult(10, 20)

println("The Multiplied valued is = \(mVal)")
```

代码执行后，控制台将显示出两个数的乘积 200。

默认参数与命名参数

如果我们想为函数的参数指派默认值，我们当然可以像下面这样做：

```
func defMult(a: Int = 20, b: Int = 30) -> Int{

let mult = a * b

return mult

}

let dVal = defMult()

println("The Multiplied valued is = \(dVal)")
```

在上述代码中，我们分别为 a 和 b 两个参数指派了默认值 20 和 30，通过简单地调用函数获得两个默认值的乘积 600。

然而，如果我们只想修改其中一个值，而保持另外一个默认值不变呢？此时，我们可以在调用函数时通过具体的参数名来为它指派特定值。如果我们想把 a 的值修改为 80，不使用它的默认值，那么可以使用如下代码做到：

```
println("The Multiplied valued is = \(defMult(a: 80))")
```

或者，如果我们希望同时改变两个值，这可以通过如下代码实现：

```
println("The Multiplied valued is = \(defMult(a: 80, b: 50))")
```

返回多个值

不同于其他语言的是，在 Swift 中，我们可以使用元组（tuple）让函数返回多个值。在 Swift 中，你可以传入实际值，并在变量上执行某些操作，而后把变量返回。当函数返回两个值时，我们需要分别为这两个值指定返回类型，它们之间用逗号分隔开，示例代码如下：

```
func getAreaAndPerimeter(a: Int, b: Int) ->(Int, Int){
    let area = a*b
    let perimeter = 2*a+ 2*b
    return(area, perimeter)
}
```

在上述函数中，接收两个整型参数，然后分别计算矩形的面积与周长，最后把面积与周长返回。我们可以使用如下代码计算长方形的面积与周长，并把它们返回：

```
let value = getAreaAndPerimeter(40 ,80)
```

函数返回值被存储在名为 value 的常量中，接着把它们分别输出到控制台中。此时，我们要用到点运算符，用 .0 获取第一个值，即长方形面积，用 .1 获取第二个值，即长方形周长，代码如下：

```
println("Area is = \(value.0) and Perimeter is = \(value.1)")
```

这样做有点儿麻烦，因为我们必须牢记第一个值返回的是长方形的面积，第二个值返回的是长方形的周长。在 Swift 中有更简单的方法来解决这一问题。正如我们在传递参数时为传入值命名一样，我们也可以为返回值命名。也就是说，我们可以不使用索引值，而使用名称本身来访问其值。请看如下示例代码：

```
func getNamedAreaAndPerimeter(a: Int, b: Int) ->(area: Int, perimeter: Int){
  let area = a * b
  let perimeter = 2 * a + 2 * b

  return (area, perimeter)
}

let namedvalue = getNamedAreaAndPerimeter(80 ,100)

println("Named Area is = \(namedvalue.area) and Named Perimeter is = \(namedvalue.perimeter)")
```

类

与 Objective-C、C++相比，在 Swift 中创建类十分容易。创建时，不需要单独的接口文件与实现文件，也不需要用属性关键字定义属性。

属性与构造器（initializers）

创建类时，我们必须使用 class 关键字，示例代码如下：

```
class Person{

  var name = "The Dude"

  var health = 100

}
```

请注意，定义完类之后，在右花括号之后没有分号。

你可以使用如下代码对 Person 类进行实例化，并不需要像 Objective-C 那样使用 alloc。

```
var theDude = Person()
```

同样，我们也可以使用点运算符来访问 name 和 health 属性，代码如下：

```
theDude.name
```

```
theDude.health
```

为了初始化变量，我们需要使用 init 函数，它是类的构造器，创建它时并不需要使用 func 关键字，这点与创建普通函数不同。所以，如果你想在 init 函数中初始化 name 和 health 变量，你可以像下面这样做。请注意，在这种情形下，需要明确为 name 和 health 变量指定数据类型。

```
class Person1{

  var name: String

  var health: Int

  init(){

    name = "The Dude"

    health = 100

  }
}
```

我们可以采用跟以前类似的方式对类进行实例化，并访问它的各种属性。

只要我们愿意，我们当然可以创建多个自定义构造器。创建时，也要使用 init 关键字，你可以把要传入的变量类型放入其后的括号中，将传入的值赋给属性，示例代码如下：

```
class Person2{

  var name: String
  var health: Int

  init(){

    name = "The Dude"
    health = 100
  }

  init(name: String){

    self.name = name
    self.health = 100
  }

}
```

请注意，当我们把参数值赋给属性时使用了 self.name，表示我们正在把参数 name 的值传递给类的 name 属性。

并且，传值时，我们必须明确指出是为 name 参数传值。运行如下代码：

```
var hero = Person2(name: "Hero")
```

```
hero.name
hero.health
```

自定义方法

在类中，我们当然也可以创建自定义方法。例如，我们需要编写一个方法，让人物在受到攻击后减少健康值。为此，我们创建一个新方法，代码如下：

```
func takeDamage(damage: Int){

    self.health -= damage

}
```

把该方法添加到类中，即在类的结束符号（右花括号）之前加入这一方法。

在类中定义方法与定义其他函数时所采用的方式是一样的。上面我们定义了一个名为 takeDamage 的函数，它带有一个 Int 类型的 damage 变量。由于之前我们创建了类 Person2 的实例 hero，所以，现在我们就可以调用 hero 的 takeDamage 函数了。调用时传入 10，这会对 hero 造成 10 点伤害。如果我们再次调用 health 属性，你会发现 hero 的 health 属性减少了 10 个点。运行如下代码：

```
hero.takeDamage(10)
```

```
hero.health
```

接下来，让我们再为类添加一个属性，它是一个数据类型为 Int、名称为 armour 的属性。我们先把玩家的初始装甲等级设置为 10，每次玩家受到攻击，他的装甲等级就会随之降低。编写如下函数：

```
func reduceArmour(damage: Int, armour: Int){

    self.health -= damage
```

```
    self.armour -= armour
}
```

如上所示，我们在类中添加了一个名为 reduceArmour 的新函数。函数中，我们接收一个名为 damage 的额外参数，并相应地减少类的 armour 属性。执行如下代码：

```
hero.reduceArmour(10, armour: 2)
hero.health
hero.armour
```

现在，当我们想调用 reduceArmour 方法时，我们必须明确指出传入的第二个值是赋给 armour 的。当访问 health 与 armour 属性时，我们会注意到 hero 的 health 属性值再次被减少了 10，armour 属性值减少了 2。

继承

在其他面向对象的语言中，一般都是支持继承，即我们可以重用或对一个已经存在的类进行扩展。同样，Swift 语言也支持继承。在定义继承自另一个类的当前类时，我们需要使用冒号，并在冒号之后指出想要扩展的类名。

假如我们要创建一个 Mage 类，它拥有一个 magic 属性，这样一来除了普通伤害外，她还能施展魔法伤害。Mage 类的代码如下：

```
class Mage: Character2{
    
    var magic: Int
    
    override init(name: String){
        
        self.magic = 100
        super.init()
        
        //self.name = name
        //self.health = 60
        //self.armour = 15
    }
    
}
```

在上述代码中，我们创建了一个名为 Mage 的新类，它继承自 Character2 类。编写 init 函数时，我们需要使用 override 关键字，告诉编译器我们正在覆盖 Character2 类（超类）的 init 函数。

在 Objective-C 中，我们通常会先调用 `super.init`，而在 Swift 中，我们需要先初始化 `magic` 属性，因为它在超类中并不存在。所以，我们先对 `magic` 进行初始化，而后再调用 `super.init` 方法。

如果我们创建了一个 `Mage` 类型的新变量，并命名为 `Vereka`，你将会看到被赋值的 `name` 与其他值都来自于超类 `Character2`，而不是我们赋值的那个 `name`。请看如下代码：

```
var vereka = Mage(name: "Vereka")

vereka.name
vereka.health
vereka.armour
vereka.magic
```

对于要被赋值的新 `name` 而言，我们在 `Mage` 类的 `init` 方法中调用了 `super.init` 之后，必须再次初始化它。所以，我们将在 `Mage` 类中把先前的代码行取消注释，将把 `name`、新 `health`、`armour` 值赋给 `Mage` 类。现在，正确的 `name`、`health`、`armour`、`magic` 值就能被显示出来了。

访问权限修饰符

在 Swift 中，使用访问权限修饰符来封装类、属性与方法。除了 `public`、`private` 之外，还有另外一个叫作 `internal` 的修饰符。使用 `priviate` 表示在同一个文件中对一切都是可见的，使用 `internal` 表示在同一个模块中对一切都是可见的。这不同于 C++，在 C++中是针对每个类而言的。

在 Swift 语言中，`internal` 是默认的访问权限修饰符，这不同于 C++语言，在 C++中默认的访问权限修饰符为 `private`。正因如此，即使我们没有在 `Character2` 类中指定访问权限修饰符，我们仍然能够在 `Mage` 类中访问它的变量与函数。

可选类型（Optionals）

可选类型是 Swift 中的一种新数据类型。在此之前，我们总是先要对变量进行初始化，不论是在代码行中进行，还是在类的构造器中进行。在使用一个变量之前，如果我们没有对它进行初始化，我们会看到一个错误，提示我们尚未对变量进行初始化。对于这个问题，一个快速的解决方法是将变量初始化为 0 或""。

假设变量为 `score`，我们把它的值初始化为 0，防止使用它时出现错误。接下来，我们将尝试从 `GameCenter` 获取存储在其中的最后一个 `score` 值。由于某些原因，例如无网络连接或 Wi-Fi，我们无法获取这个玩家的最后分数。此时，如果我们把 score 显示在屏幕上，它将显示为 0，因为 score 中存储的值的确是 0。这可能会令玩家非常困惑、沮丧，因为他/她清楚地知道他/她最后得到的分值肯定大于 0。那么，现在我们应该如何告诉玩家因为他忘记了支付网络费用而导致我们无法通过网络推送他的最后分值呢？或者，我们应该如何告诉程序 score 变量中没有分值呢？我们甚至不能把 score 等同于 nil，因为我们会得到一个错误，提示它不是 nil 类型。为此，我们把一个问号放到变量的类型之后，表示如果我们为变量赋了值，它将是 Int 类型，否则我们将它看作 nil。

现在，当在屏幕上显示 score 时，我们先检测 score 是否为 nil，若是，则打印输出无网络连接，若 score 中有值，则将它打印出来，代码如下：

```
var score:Int?

if score != nil {

  println("Yay!! Your current score is \(score)")

}else{

  println(" No internet! Pay your bills on time ")
}
```

由于未对 score 赋值，它的值应为 nil，所以会执行 else 语句部分，把无网络连接信息打印输出。

如果我们为 score 变量赋了值，比如 score=75，则程序会把这个值打印出来，但是把可选关键字与值都打印出来了，即 Optional(75)。这是因为我们为 score 指定的是可选类型，Swift 通过这种方式让我们知道这一点。

其实，在输出 score 值时不应该同时把可选关键字显示出来，为此我们必须对可选类型进行"拆包"操作。通过在 if 语句块中的 score 变量之后使用感叹号，可以将 score 强制拆包，取出其中的值。代码如下：

```
println("Yay!! Your current score is \(score!)")
```

这样，当输出 score 值时，可选关键字（Optional）就会消失。

尽管我们可能不会在游戏开发中使用可选类型（optionals），但是现在你见到它至少不会感到奇怪了。

10.3 Cocos2d Swift

了解了 Swift 语言的基础知识之后，接下来我们将学习如何在 Cocos2d 中使用它。

10.3.1 准备工作

创建 Cocos2d-Swift 项目非常简单。当使用 SpriteBuilder 创建项目时，你必须要把使用的语言指定为 Swift，而非 Obj-C，如图 10-5 所示。

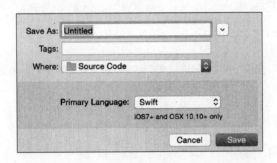

图 10-5

10.3.2 操作步骤

现在，你将看到项目结构变得有所不同。项目中没有 `MainScene.h` 和 `MainScene.m` 文件，只有一个 `MainScene.swift` 文件。

为了加载 `MainScene.swift` 文件，我们必须对 `AppDelegate.m` 文件做一些修改，就像我们在 Obj-C 项目中所做的那样。

在 `AppDelegate.m` 文件中，我们会添加一个 `import` 语句，把 `projectName-Swift.h` 导入其中。在本示例中，由于项目名称为 `test`，所以头文件应该是 `test-Swift.h`，代码如下：

```
#import "test-Swift.h"
```

接着，在 `startScene` 函数中，做如下修改，让其返回 Swift 中的 `MainScene` 类。

```
- (CCScene*) startScene
{
```

```
//return [CCBReader loadAsScene:@"MainScene"];

CCScene* scene = [MainScene node];
return scene;
}
```

现在,我们可以使用 MainScene.swift 类把游戏对象添加到场景中。

正如在 Obj-C 类中所做的那样,在 Cocos2d-Swift 中,我们也是先获取 viewSize,然后覆盖 init 方法,代码如下:

```
import Foundation

class MainScene: CCNode {

  let viewSize: CGSize = CCDirector.sharedDirector().viewSize();

  override init(){

    super.init()


  }

}
```

接下来,我们将开始使用游戏对象构建场景。

首先,让我们学习一下如何添加精灵。请确保资源已经被复制到 Published-iOS 文件夹中。此外,还要打开 **CCBReader** 文件,做相应的修改,这样我们就可以使用扩展代替资源图像文件夹。

添加精灵,代码如下:

```
    let bg: CCSprite = CCSprite(imageNamed: "Bg.png");
    bg.position = CGPoint(x: viewSize.width/2,
       y: viewSize.height/2);
    addChild(bg);
```

上面代码中句尾的分号不是必须的,但是我总是使用它,这样当我返回到 **Obj-C** 中时就不会引发错误。在句尾使用分号是个好习惯。

在上述代码中，你也会注意到代码中所使用的类都是相同的。我们仍然需要调用 CCSprite 与 CGPoint 类来创建精灵，并对精灵进行定位。此外，我们同样调用了 addChild 函数，用来添加精灵对象到场景中。

接着，采用类似的方式，把标签添加到场景中，代码如下：

```
let label:CCLabelTTF = CCLabelTTF(string: "Hello Swift",
fontName: "Helvetica", fontSize: 14.0);
label.position = CGPoint(x: viewSize.width * 0.5, y:
viewSize.height * 0.9);
label.color = CCColor.blueColor();
addChild(label)
```

此外，让我们再学习一下如何向场景中添加触屏输入。

在 init 函数中添加如下两行代码。

```
self.userInteractionEnabled = true
self.contentSize = viewSize;
```

不知你是否还记得，上述代码是用来启用场景中的触摸功能的。然后，我们添加触摸响应函数，代码如下：

```
override func touchBegan(touch: CCTouch, withEvent event:
CCTouchEvent) {

  var touchLocation: CGPoint = touch.locationInNode(self)

  println("Touch Location \(touchLocation.x) , \(touchLocation.y)
");

}

override func touchMoved(touch: CCTouch, withEvent event:
CCTouchEvent) {
  var touchLocation: CGPoint = touch.locationInNode(self)

}

override func touchEnded(touch: CCTouch, withEvent event:
CCTouchEvent) {

}
```

```
override func touchCancelled(touch: CCTouch, withEvent event:
CCTouchEvent) {

}
```

现在，如果你单击屏幕，就会看到所单击的位置在控制台中被打印出来。

10.3.3　工作原理

我也向场景中添加了 hero 精灵，以获取额外效果，如图 10-6 所示。

图 10-6

图 10-7 显示的是在控制台中输出的触摸位置。

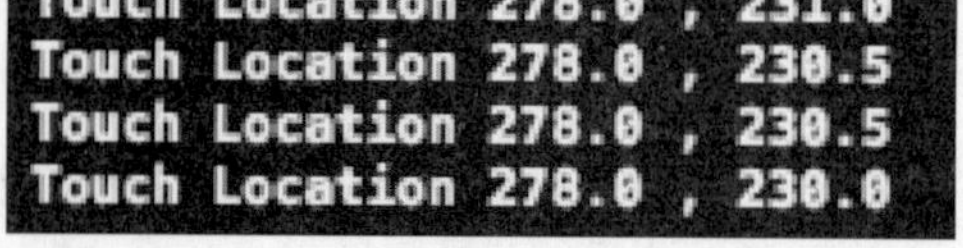

```
Touch Location 278.0 , 231.0
Touch Location 278.0 , 230.5
Touch Location 278.0 , 230.5
Touch Location 278.0 , 230.0
```

图 10-7

10.4 SpriteBuilder 基础

最后，让我们一起学习一下如何使用 SpriteBuilder。SpriteBuilder 是一个基于 GUI 的游戏开发环境，借助它能够让我们使用非常少的代码创建简单游戏。

10.4.1 准备工作

与以前一样，创建一个 SpriteBuilder 项目，并把编程语言选为我们新学的 Swift 语言。然后，双击 `ccbproj` 文件，而不是打开 `xcodeproj` 文件。

10.4.2 操作步骤

首先，我们需要把资源添加到项目中。通过在左侧面板中单击鼠标右键，在弹出的菜单中选择 "New folder"，创建一个新文件夹 Assets，用来存放图像资源。然后把项目所需要的全部图像资源拖放到 Assets 文件夹中，如图 10-8 所示。

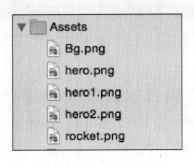

图 10-8

这些图像资源都是为 `ipadhd` 准备的。好消息是 SpriteBuilder 能够自动为 ipad2 创建缩小的图像，并且不需要我们做任何额外工作。

接下来，在中间的预览窗口中同时选中 SpriteBuilder 文本与蓝色背景图像，然后按 Delete 键将它们删除，这会把它们从场景中移除。

然后，通过把 `bg` 图像拖放到中间的预览窗口，将背景图像添加到场景中。我们需要确保图像恰好位于屏幕中间。

接下来，在菜单栏中，依次选择 File-Publish 以发布项目。然后，依次选择 File-Open Project in Xcode 菜单，在 Xcode 中打开项目。当我们编译并运行项目时，将会在模拟器的中间看到 bg 图像，如图 10-9 所示。你完全不必对 Xcode 项目做任何额外的修改。

图 10-9

下面，让我们一起看一下如何在场景中添加动态图像。

在 SpriteBuilder 的菜单栏中，依次选择 File-New-File 菜单，在打开的窗口中，选择"Sprite"，并输入名称"hero.ccb"，如图 10-10 所示。

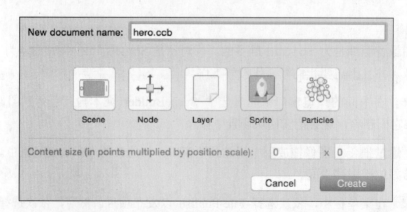

图 10-10

采用相同的方式，我们也可以创建场景、节点、层、粒子。

我们把所选的 Sprite 命名为 hero，因为我们将让 hero 动起来。

接下来，双击 `hero.ccb` 文件，打开它。

然后，把 Assets 文件夹中的所有 `hero` 图像选中，单击鼠标右键，如图 10-11 所示，在弹出的菜单中，选择"Create Keyframes from Selection"。

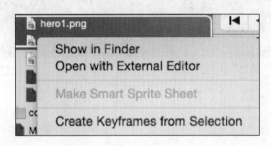

图 10-11

所选图像将作为 `keyframes` 被添加到时间轴上。

接着，我们需要把动画持续时间修改为 1 秒。为此，如图 10-12 所示，单击 Default Timeline 右侧，在弹出的菜单中，选择 Set Timeline Duration...，弹出一个新的对话框，在其中，把持续时间设置为 1 秒。

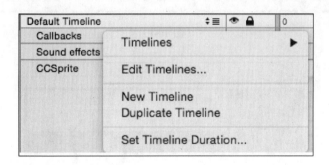

图 10-12

接下来，我们在如下精灵帧中移动 keyframes，把第一个放在时间轴的开头，第二个放在时间轴的中间，如图 10-13 所示。

最后，为了让动画循环起来，我们还需要做一件事：在 Default Timeline 底部，单击上下箭头，在弹出的菜单中，选择 Default Timeline，代替 No Chained Timeline，如图 10-14 所示。

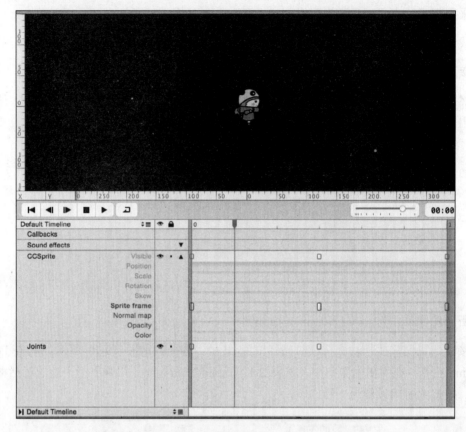

图 10-13

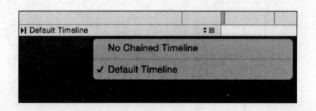

图 10-14

为了把 hero 添加到场景中,请转到 `mainScene.ccb`,把 `hero.ccb` 文件拖放到场景中。

如果 hero 没有在场景中显现出来,可以发布一下场景,即可显示出来,如图 10-15 所示。

10.4 SpriteBuilder 基础

图 10-15

接下来，让我们看一下如何使用代码移动 hero 角色。

在 `MainScene.ccb` 文件中，选择时间轴上的 `CCBFile`，在右侧面板中，打开 Item Code Connections 面板（见图 10-16），在 Doc root var 中添加 hero，这样我们就能在代码中通过 hero 变量访问 `hero.ccb`。

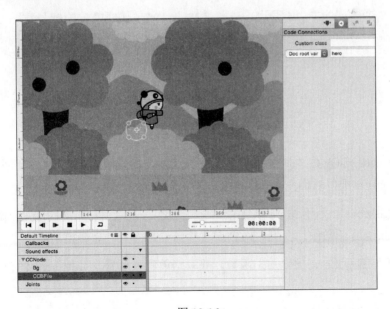

图 10-16

再次发布项目，然后在 Xcode 中打开它。

首先，我们打开 MainScene.swift 文件，修改代码如下：

```
import Foundation

class MainScene: CCNode {

  weak var hero:CCSprite!
  let viewSize: CGSize = CCDirector.sharedDirector().viewSize()

  func didLoadFromCCB() {

    hero.position = CGPoint(x: viewSize.width * 0.2, y:
    viewSize.height/2);
    userInteractionEnabled = true

  }

  override func touchBegan(touch: CCTouch!, withEvent event:
  CCTouchEvent!) {

    var touchLocation: CGPoint = touch.locationInNode(self)

    hero.position = touchLocation;

  }

}
```

正如在 Cocos2d-ObjC 中所做的那样，我们获取 viewSize 的值，并且创建一个名为 hero 的 CCSprite 类型的类变量。

didLoadFromCCB 函数类似于 init 函数，当加载场景时就会调用它。在 didLoadFromCCB 函数中，我们先对精灵进行定位，而后开启触摸功能。

接着，我们编写 touchBegan 函数，获取当前触摸位置，并把 hero 的位置设置为触摸位置。

以上就是全部代码！当我们单击屏幕时，hero 精灵将移动到单击的位置上。

这就是把 SpriteBuilder 中的变量链接到代码中变量的方法。

接下来，让我们讨论一下如何通过代码对 SpriteBuilder 对象进行实例化。

在 SpriteBuilder 中新建一个文件，名称为 `Rocket`，类型为 `Sprite`。然后双击 `Rocket.ccb` 文件，将其打开。在时间轴中选择 `CCSprite`，在右侧面板中选择 Item Properties 面板，在 Sprite frame 中选择 `rocket.png` 图像，如图 10-17 所示。

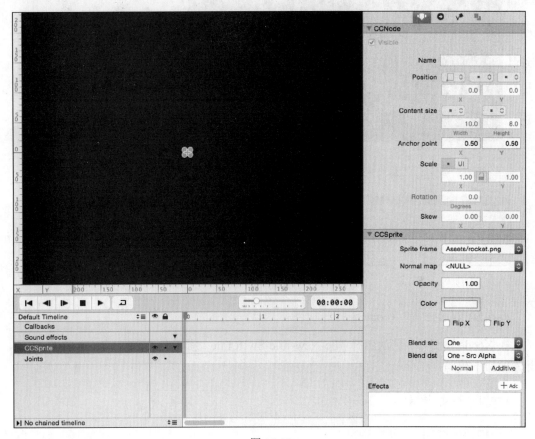

图 10-17

然后，我们将在 Xcode 中创建 `Rocket.swift` 类，用来管理 `Rocket.ccb` 的行为。为了把 `SpriteBuilder` 链接到类，我们在 Item Code Connections 面板中为 `Rocket.cbb` 添加类名，如图 10-18 所示。

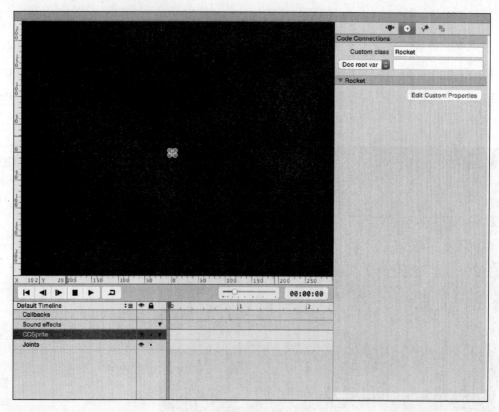

图 10-18

再次发布项目,在 Xcode 中打开项目。

在 Xcode 项目中,依次选择 File-New-File-Swift File,新建名为 `Rocket.swift` 的类,并添加如下代码:

```
import Foundation

class Rocket: CCSprite {

    let viewSize: CGSize = CCDirector.sharedDirector().viewSize()

    func didLoadFromCCB() {

    }

    override func update(delta: CCTime) {
```

```
    if(self.position.x > viewSize.width){
      self.removeFromParent()
      println("removed rocket");
    }else{
      self.position.x += 10;
    }
  }
}
```

上面代码中,我们先获取 `viewSize` 的值,然后添加 `update` 函数。在 `update` 函数中,我们检测当前位置的横坐标是否大于屏幕宽度,若是,则从 `parent` 中删除对象。否则,我们把对象每帧向右移动 10 个单位。

接下来,我们要做的是让每次单击屏幕时都能产生 `rocket` 对象。

在 `MainScene.swift` 文件中,修改 `touchBegan` 函数代码如下:

```
override func touchBegan(touch: CCTouch!, withEvent event: CCTouchEvent!) {
  var touchLocation: CGPoint = touch.locationInNode(self)
  hero.position = touchLocation;
  var rocket = CCBReader.load("Assets/Rocket") as! Rocket
  addChild(rocket);
  rocket.position = hero.position
}
```

由于 `rocket.cbb` 文件位于 **Assets** 文件夹中,所以我们需要进入 **Assets** 文件夹,并使用 `CCBReader.load` 函数加载 `ccb` 文件。当然,我们也需要把它的类型转换为 `Rocket`。

然后,我们把 `rocket` 添加到场景中,并对其进行定位,把 **hero** 的位置指派给它。

10.4.3 工作原理

运行代码，查看运行结果，你可以看到一旦 rocket 脱离屏幕就会被删除，如图 10-19 所示。

图 10-19

第 11 章
移植到 Android

本章涵盖主题如下：

- 安装 Android Xcode 插件
- 启用设备中的 USB debugging 功能
- 在设备上运行 SpriteBuilder 项目
- 移植项目到 Android
- No Java runtime 错误
- Provision profile 错误
- Blank screen 错误
- 有用资源

11.1 内容简介

SpriteBuilder 允许你为 iOS 与 Android 平台开发游戏。目前，SpriteBuilder 仅支持使用 Objective-C 语言进行开发，对 Swift 语言的支持正在开发之中。

由于模拟器不支持测试 Android 项目，所以你需要有一个 Android 设备来运行自己的项目，也建议你购买一台品牌手机供测试之用。你可以购买一台 Nexus 或 Samsung 系列手机或平板电脑，它们拥有很大的用户群，并且对各种功能支持良好。

此外，为了运行项目，请不要使用最新版本的 Xcode，这是因为现在 SpriteBuilder Android 插件并不支持它。建议你使用 Xcode 6.1.1，你可以从 `http://developer.apple.com/downloads/` 下载它。

第 11 章　移植到 Android

好的一面是你不需要 Android SDK 来编译运行代码，可以直接在 Xcode 环境中运行代码。

话虽如此，但是如果你想实现应用程序内购买或者排行榜与成绩，必须分别为 iOS 与 Android 设备编写代码，因为针对一个设备编写的代码无法自动运行于另一个平台之上。

11.2　安装 Android Xcode 插件

首先，我们需要安装 Android Xcode 插件。

11.2.1　准备工作

在如图 11-1 所示的页面下载 Android Xcode 插件，网址如下：

https://store.spritebuilder.com/products/spritebuilder-android-plugin-starter

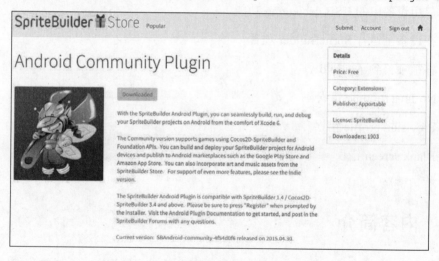

图 11-1

由于我已经下载过该插件，所以图 11-1 中的 Download 按钮呈现为灰色。如果你尚未下载过该插件，单击该 Download 按钮即可下载。

11.2.2　操作步骤

下载完成之后，对文件进行解压缩。在 SBAndroid-community-4f54d0f6.pkg 文件上单击鼠标右键，选择 Open，不然 OS X 不允许安装它。

然后单击 Continue 按钮，启动安装过程。输入系统密码之后，单击 Install Software 按钮，这样安装进程将开始运行。

安装过程中，需要重启 Xcode 使插件生效，单击 OK 按钮，如图 11-2 所示。

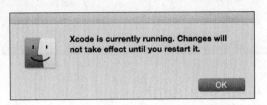

图 11-2

如果一切安装顺利，将会打开一个窗口，提示"the installation was successful"，如图 11-3 所示。

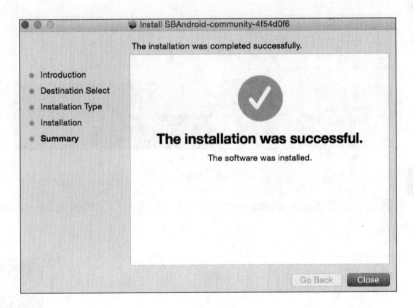

图 11-3

为了确认插件是否真地成功安装，打开任意一个 Xcode 项目。注意请使用 Xcode 6.1.1 版本，为此我们要在 Xcode 项目上单击鼠标右键，选择 Open with...，再选择 Xcode 6.1.1，如图 11-4 所示。

当前系统中我们同时安装了两个或更多版本的 Xcode。当安装另一个版本的 Xcode 时，我们将得到一个弹出菜单，让选择想要保留的版本或者同时保留两个版本，请选择保留两个版本。

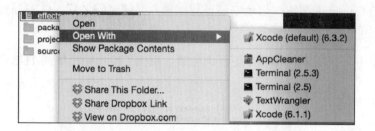

图 11-4

当打开项目之后,通过检测 Android 中的 schemes 来判断插件是否成功安装。如图 11-5 所示,显示出 Android(armv7a-neon)设备。

即使设备尚未连接,上述信息也应该显示出来。

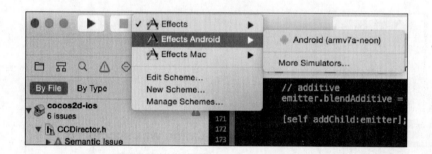

图 11-5

而且,当我们导航至 Xcode-Preferences 时,应该看到有一个单独的 Apportable 选项卡,如图 11-6 所示。

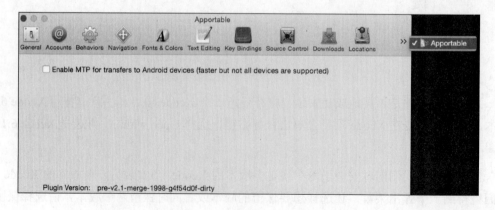

图 11-6

如果你可以看到它，那么我们就可以继续进行下一步了。

11.3　启用设备中的 USB 调试功能

为了在 Android 设备上进行开发，你必须先启用设备上的开发者模式。

我使用的是 Nexus 5 手机，但是不管你用哪种设备，具体的操作步骤都是一样的。

操作步骤

首先，进入手机的 Settings 页面（见图 11-7），选择 About phone 选项。

图 11-7

在 About phone 中，向上滚动屏幕，当看到 Build number 时停下来。然后在 Build number 上单击 7 次，以启用开发者模式。当你这样做时，将看到一条提示信息"你现在是开发人员"。

当你再次单击时，将显示一条提示信息"不需要，你已经是开发人员"，如图 11-8 所示。

图 11-8

现在，如果返回到 Settings 页面，我们将看到一个名称为 Developer options（开发人员选项）的新选项，如图 11-9 所示。

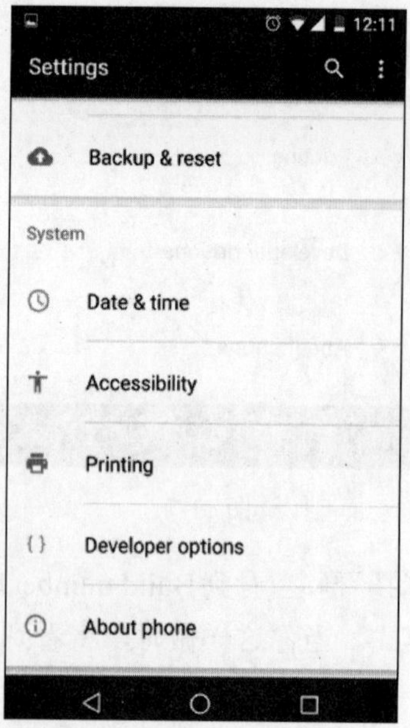

图 11-9

单击开发人员选项（Developer options），选择 USB 调试（USB debugging）（见图 11-10），这样一来，我们就可以在设备上编译项目。

图 11-10

现在，我们已经启用了 USB 调试（USB debugging），并且选中保持唤醒状态（Stay awake），这样，当我们在设备上进行开发时，手机就不会进入睡眠模式。

11.4 在设备上运行 SpriteBuilder 项目

在本章中，我们将新建一个项目，并让它在 Android 设备上运行。创建项目时，请记得把项目开发语言设置为 Objective-C 而不是 Swift，这是因为 Android 插件不支持 Swift 语言。

操作步骤

我创建了一个名为 SBAndroid 的项目，所以第一步我们要在 SpriteBuilder 中打开该项目。

然后，在菜单栏中，依次选择 File-Project Settings，打开项目设置窗口，如图 11-11 所示。

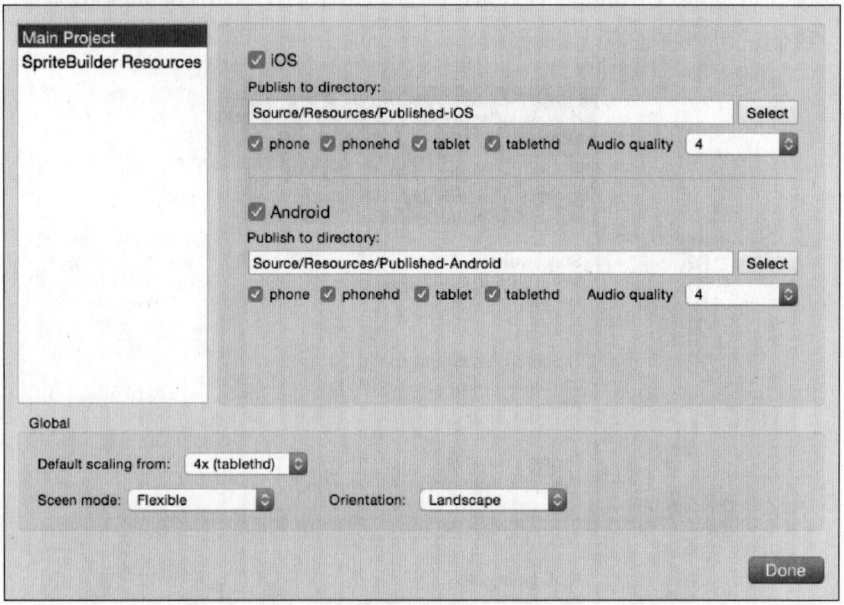

图 11-11

其中，我们可以看到 iOS 与 Android 资源的位置。对于 iOS，它们在 Published-iOS 文件夹中，而对于 Android，它们位于 Published-Android 文件夹中。

类似于 iOS，所创建的 Android 资源也分别针对 phone、phonehd、tablet、tablethd 这些设备。

并且，把 Screen mode 设置为 Flexible，将 Orientation 设置为 Landscape。如果你正在开发 Portrait mode（纵向模式）游戏，请把 Orientation 更改为 Portrait。

为了关闭窗口，我们在菜单栏中依次选择 File-Publish 菜单，发布项目。

现在，我们把设备连接到 Mac 计算机上。

接着，我们在 Xcode 中打开项目。请不要直接单击 openProjectInXcode，因为这可能采用默认的 Xcode 版本打开项目，而不是用 Xcode 6.1.1 打开。

当项目在 Xcode 6.1.1 中打开之后，在 Xcode 顶部选择 Android Scheme 时，我们将看到显示出的设备，如图 11-12 所示。

我们为编译选好目标设备，然后运行项目。

当编译完成后，将在控制台中看到的信息，如图 11-13 所示。

图 11-12

图 11-13

如图 11-14 所示，如果你看到大量警告信息，请不要担心，这是正常的。

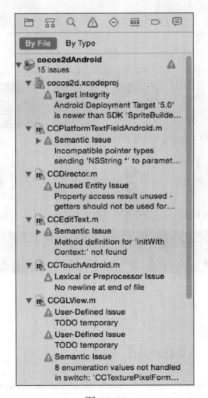

图 11-14

现在，项目已经在我们的设备中编译好了，如图 11-15 所示。

第 11 章 移植到 Android

图 11-15

此时，在我们的设备中，应用程序变为一个可用的 app，如图 11-16 所示。通过简单地单击，即可打开它。

图 11-16

11.5 移植项目到 Android 中

下面我们将把在上一章中创建的 Swift 项目移植到 Android 中。

在 SpriteBuilder 中创建项目的过程与在 Swift 中类似，但是，很显然，这次我们需要选择 Objective-C 语言编写代码。

操作步骤

当在 SpriteBuilder 中创建好项目之后，在 Xcode 6.1.1 中打开它，并且运行项目，确保没有任何编译错误。

现在，编译好的项目应该能够在我们的设备中正常运行，如图 11-17 所示。

图 11-17

正如在 Swift 项目中所做的那样，我们必须创建一个 Rocket 类。所以，我们新建一个名为 Rocket 的类，Rocket.h 与 Rocket.m 文件代码如下：

```
//Rocket.h

#import "CCSprite.h"

@interface Rocket : CCSprite{

  CGSize winSize;


}


@end
```

Rocket.m 文件代码如下。请注意我们为 Rocket 设置的位置不同于在 Swift 中的设置。

```objc
#import "Rocket.h"

@implementation Rocket:CCSprite

-(void) didLoadFromCCB {

  NSLog(@"%@ did load", self);

  winSize = [[CCDirector sharedDirector]viewSize];
}

-(void)update:(CCTime)delta{

  NSLog(@"[rocket] (update) ");

  if(self.position.x > winSize.width){

    [self removeFromParent];

  }else{

    CGPoint position = ccpAdd(self.position, CGPointMake(5.0, 0.0));
    [self setPosition:position];

  }
}

@end
```

然后，我们也需要对 MainScene.h 与 MainScene.m 文件做一些修改，代码如下：

```objc
//MainScene.h
@interface MainScene : CCNode{

  CGSize winSize;
  CCSprite* hero;


}


@end
```

接下来，我们为 MainScene.m 文件添加代码，如图 11-18 所示。

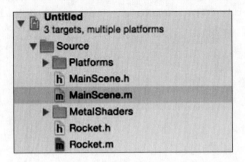

图 11-18

请注意，加载 rocket 时所使用的函数调用代码是一样的。MainScene.m 文件中添加的代码如下：

```
#import "MainScene.h"

#import "Rocket.h"

@implementation MainScene

- (void)onEnter
{
  [super onEnter];
  self.userInteractionEnabled = YES;

}

- (void)onExit
{
  [super onExit];
  self.userInteractionEnabled = NO;

}


-(id)init{


  if(self = [super init]){
```

```objc
    winSize = [[CCDirector sharedDirector]viewSize];
    CGPoint center = CGPointMake(winSize.width/2, winSize.height/2);
    
  }
  
  return self;
}


-(void)update:(CCTime)delta{
  
  //NSLog(@"[MainScene] (update) ");
}



- (void)touchBegan:(CCTouch *)touch withEvent:(CCTouchEvent *)event
{
  
  CCLOG(@"TOUCHES BEGAN");
  
  CGPoint touchLocation = [touch locationInNode:self];
  hero.position = touchLocation;
  
  
  
  Rocket* rocket = (Rocket*)[CCBReader load:@"Assets/rocket"];
  rocket.position = hero.position;
  [self addChild:rocket];
  
  
  
}

- (void)touchMoved:(CCTouch *)touch withEvent:(CCTouchEvent *)event
{
  
  CCLOG(@"TOUCHES MOVED");
  
  CGPoint touchLocation = [touch locationInNode:self];
  hero.position = touchLocation;
  
  
}
```

```
- (void)touchEnded:(CCTouch *)touch withEvent:(CCTouchEvent *)event{

    CCLOG(@"TOUCHES ENDED");

}
```

@end

整个项目结构如图 11-19 所示。

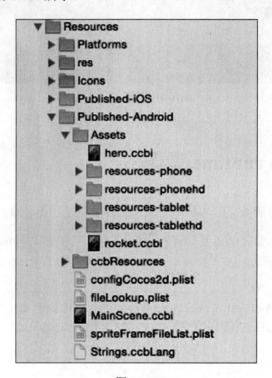

图 11-19

当我们最终编译好项目之后，游戏应该能够正常运行，运行结果与之前的 Swift 项目是一样的。

如图 11-20 所示，当我们单击屏幕时，英雄将移动到单击位置上，并且发射一枚火箭弹。当火箭弹脱离屏幕后，就会将自己从场景中删除。

图 11-20

11.6　No Java runtime 错误

编译项目时，有时可能会因为某些需求未能得到满足，而使项目无法正常通过编译。

在某些情形之下，你可能需要安装 Java runtime。当在 EI Capitan 中运行项目时，我就遇到过如图 11-21 所示的错误。

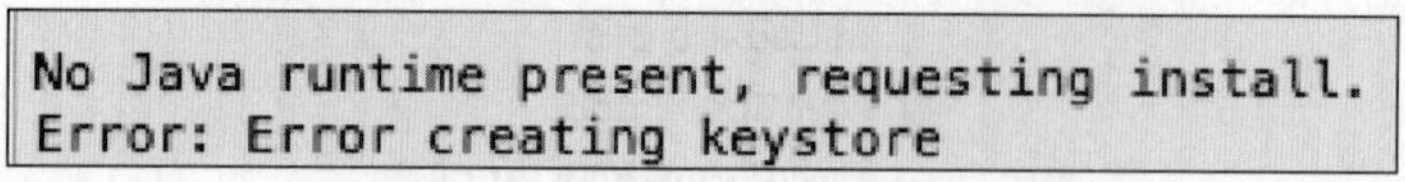

```
No Java runtime present, requesting install.
Error: Error creating keystore
```

图 11-21

解决之道

在此情形之下，我们要根据 OS X 的版本为它安装 Java 运行时，如图 11-22 所示。

当 Java 运行时安装完成后，项目应该能够正常通过编译。

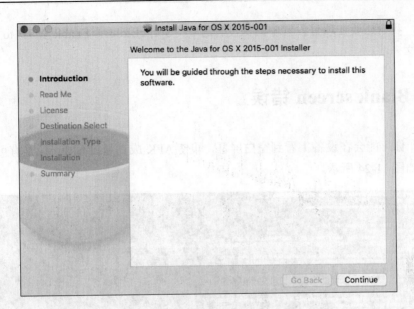

图 11-22

11.7　Provision profile 错误

有时，你可能会遇到 "No provisioned Android device is connected" 错误，如图 11-23 所示。

这仅仅表示设备未被识别出来。你可能知道，在 Android 设备上运行一个应用程序时配置文件不是必需的。

图 11-23

解决之道

在此情形之下，我们先关闭 Xcode，然后再次打开。或者，你也可以断开设备连接，而后再次连接设备。通常这样做过之后，上面的错误就能得到解决。

此外，我们还要在项目设置中确保没有选中"SpriteBuilder, Enable MTP to transfer to devices"这一项。

11.8 Blank screen 错误

有时，你可能会在设备上看到空白屏幕，即使 APK 成功通过编译，还是有可能遇到这个问题，如图 11-24 所示。

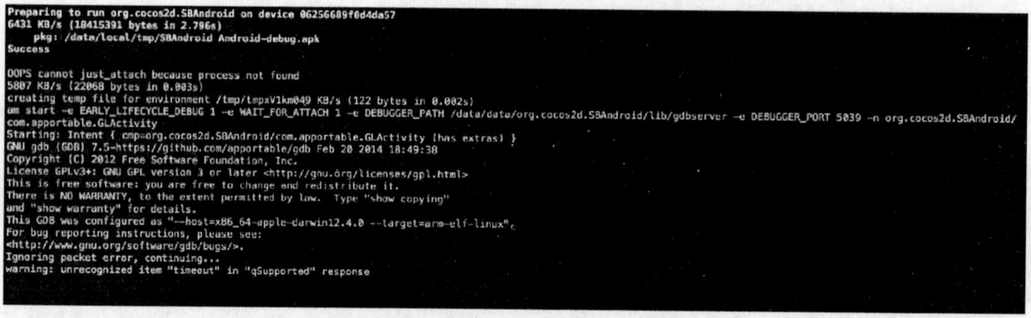

图 11-24

解决之道

当遇到这个问题时，我会尝试重启 Xcode，并重新编译项目。并且，我也会把设备上的应用程序删除，但是我还是无法解决这个问题。

如果 APK 无法传送到设备，就会出现这个问题。

解决这个问题的唯一方法是重建项目并再次进行编译。一旦在设备上正常运行，我就能运行 SBAndroid 项目，并且编译好它。

11.9 有用的资源

网上有很多有用的信息，如图 11-25 所示，你可以访问 Android SpriteBuilder 官方站点（http://android.spritebuilder.com），进一步阅读学习相关内容。

此外，你也可以访问 http://docs.apportable.com/release-notes，阅读相关文档，并获取更多示例与技术内容，如图 11-26 所示。

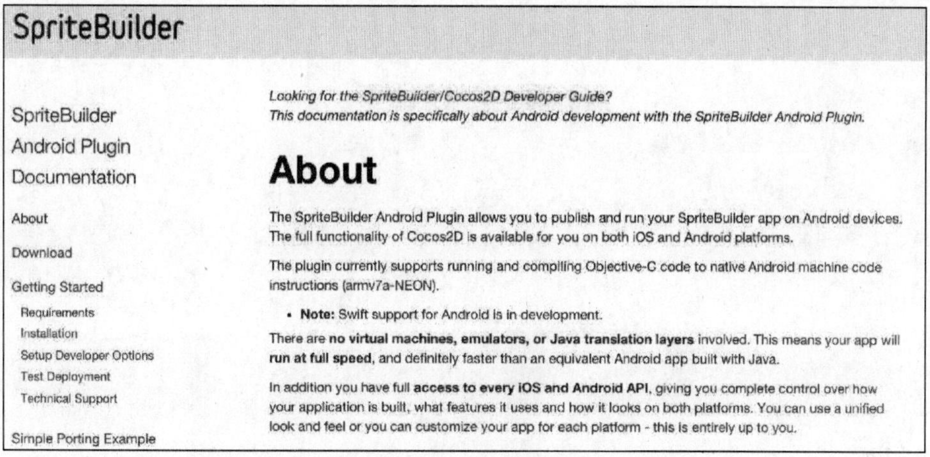
SpriteBuilder
SpriteBuilder Android Plugin Documentation
About
Download
Getting Started
Requirements
Installation
Setup Developer Options
Test Deployment
Technical Support
Simple Porting Example
Looking for the SpriteBuilder/Cocos2D Developer Guide?
This documentation is specifically about Android development with the SpriteBuilder Android Plugin.
About
The SpriteBuilder Android Plugin allows you to publish and run your SpriteBuilder app on Android devices. The full functionality of Cocos2D is available for you on both iOS and Android platforms.
The plugin currently supports running and compiling Objective-C code to native Android machine code instructions (armv7a-NEON).
Note: Swift support for Android is in development.
There are no virtual machines, emulators, or Java translation layers involved. This means your app will run at full speed, and definitely faster than an equivalent Android app built with Java.
In addition you have full access to every iOS and Android API, giving you complete control over how your application is built, what features it uses and how it looks on both platforms. You can use a unified look and feel or you can customize your app for each platform - this is entirely up to you.

图 11-25

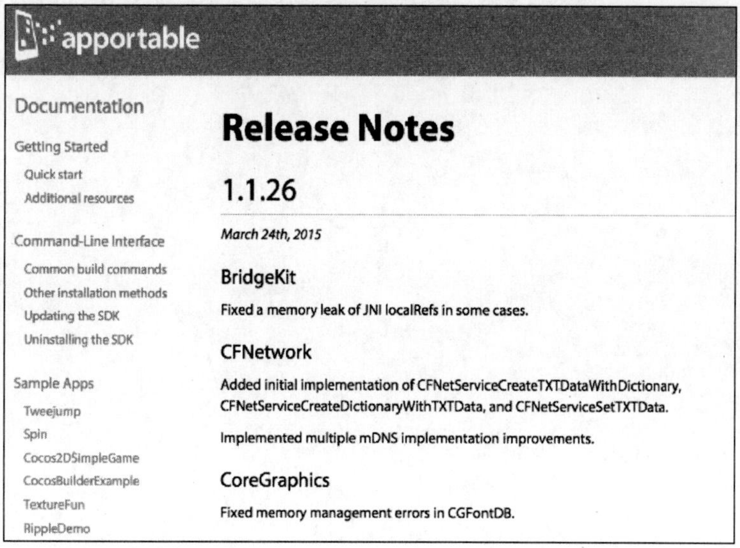
apportable
Documentation
Getting Started
Quick start
Additional resources
Command-Line Interface
Common build commands
Other installation methods
Updating the SDK
Uninstalling the SDK
Sample Apps
Tweejump
Spin
Cocos2DSimpleGame
CocosBuilderExample
TextureFun
RippleDemo
Release Notes
1.1.26
March 24th, 2015
BridgeKit
Fixed a memory leak of JNI localRefs in some cases.
CFNetwork
Added initial implementation of CFNetServiceCreateTXTDataWithDictionary, CFNetServiceCreateDictionaryWithTXTData, and CFNetServiceSetTXTData.
Implemented multiple mDNS implementation improvements.
CoreGraphics
Fixed memory management errors in CGFontDB.

图 11-26

欢迎来到异步社区！

异步社区的来历

异步社区（www.epubit.com.cn）是人民邮电出版社旗下 IT 专业图书旗舰社区，于 2015 年 8 月上线运营。

异步社区依托于人民邮电出版社 20 余年的 IT 专业优质出版资源和编辑策划团队，打造传统出版与电子出版和自出版结合、纸质书与电子书结合、传统印刷与 POD 按需印刷结合的出版平台，提供最新技术资讯，为作者和读者打造交流互动的平台。

社区里都有什么？

购买图书

我们出版的图书涵盖主流 IT 技术，在编程语言、Web 技术、数据科学等领域有众多经典畅销图书。社区现已上线图书 1000 余种，电子书 400 多种，部分新书实现纸书、电子书同步出版。我们还会定期发布新书书讯。

下载资源

社区内提供随书附赠的资源，如书中的案例或程序源代码。
另外，社区还提供了大量的免费电子书，只要注册成为社区用户就可以免费下载。

与作译者互动

很多图书的作译者已经入驻社区，您可以关注他们，咨询技术问题；可以阅读不断更新的技术文章，听作译者和编辑畅聊好书背后有趣的故事；还可以参与社区的作者访谈栏目，向您关注的作者提出采访题目。

灵活优惠的购书

您可以方便地下单购买纸质图书或电子图书，纸质图书直接从人民邮电出版社书库发货，电子书提供多种阅读格式。

对于重磅新书，社区提供预售和新书首发服务，用户可以第一时间买到心仪的新书。

用户帐户中的积分可以用于购书优惠。100 积分 =1 元，购买图书时，在 请输入优惠码 使用优惠码 里填入可使用的积分数值，即可扣减相应金额。

特 别 优 惠

购买本书的读者专享**异步社区购书优惠券**。

使用方法：注册成为社区用户，在下单购书时输入 S4XC5 使用优惠码 ，然后点击"使用优惠码"，即可在原折扣基础上享受全单 9 折优惠。（订单满 39 元即可使用，本优惠券只可使用一次）

纸电图书组合购买

社区独家提供纸质图书和电子书组合购买方式，价格优惠，一次购买，多种阅读选择。

社区里还可以做什么？

提交勘误

您可以在图书页面下方提交勘误，每条勘误被确认后可以获得 100 积分。热心勘误的读者还有机会参与书稿的审校和翻译工作。

写作

社区提供基于 Markdown 的写作环境，喜欢写作的您可以在此一试身手，在社区里分享您的技术心得和读书体会，更可以体验自出版的乐趣，轻松实现出版的梦想。

如果成为社区认证作译者，还可以享受异步社区提供的作者专享特色服务。

会议活动早知道

您可以掌握 IT 圈的技术会议资讯，更有机会免费获赠大会门票。

加入异步

扫描任意二维码都能找到我们：

异步社区　　微信订阅号　　微信服务号　　官方微博　　QQ 群：368449889

社区网址：www.epubit.com.cn
投稿 & 咨询：contact@epubit.com.cn